朱新平 刘晓莉 李伟 编著

淡水龟
高效养殖
与 疾病防治技术

化学工业出版社
·北京·

图书在版编目（CIP）数据

淡水龟高效养殖与疾病防治技术／朱新平，刘晓莉，李伟编著. — 北京：化学工业出版社，2024.12.
ISBN 978-7-122-46539-9

Ⅰ．S966.5；S947.1

中国国家版本馆 CIP 数据核字第 2024DM2048 号

责任编辑：邵桂林　　　　　　装帧设计：张　辉
责任校对：边　涛

出版发行：化学工业出版社
　　　　（北京市东城区青年湖南街 13 号　邮政编码 100011）
印　　刷：北京云浩印刷有限责任公司
装　　订：三河市振勇印装有限公司
850mm×1168mm　1/32　印张 6¼　字数 79 千字
2025 年 1 月北京第 1 版第 1 次印刷

购书咨询：010-64518888　　售后服务：010-64518899
网　　址：http://www.cip.com.cn
凡购买本书，如有缺损质量问题，本社销售中心负责调换。

定　价：35.00元　　　　　　　　　　　　版权所有　违者必究

前言

FOREWORD

龟类是四足动物中较古老的一类，自恐龙时代就一直生活在地球上，被称为"活化石"。作为我国民众传统的美食补品，龟不但有食补价值，还有较高的观赏价值、药用价值、文化价值和科学研究价值。多数龟类性成熟周期长、繁殖力低下，加之大量龟类被捕获交易导致其野生种群濒临灭绝，因而，龟类的人工繁育对于其种质资源的开发利用具有重要意义。

为了帮助广大养殖户及龟类爱好者更好地掌握龟类养殖技能，提高养殖效益，编者根据多年来在龟类养殖及繁育方面的科研成果及实践经验，并参考国内外相关资料及养殖从业者的成功经验，编写了本书。本书从源远流长的中国"龟文化"开始，概括了淡水龟养殖及产业发展现状，重点介绍了乌龟、黄喉拟水龟、中华花龟、大鳄龟、拟鳄龟、红耳龟6种大宗养殖品种及三线闭壳龟、黄缘闭壳龟、黄额闭壳龟、四眼斑水龟等9种特色养殖品种的形态特征、生活习性、繁殖习性及人工繁育技术,分析了龟类常见病害发生的原因及防控技术。

本书在编写过程中得到了多位研究人员及龟类爱好者的支持与帮助,在此深表感谢!

需要特别说明的是,本书所用药物及其使用剂量仅供读者参考,不可照搬。在生产实际中,所用药物学名、常用名和实际商品名称或许有差异,药物浓度也有所不同,建议读者在使用每一种药物之前,参阅厂家提供的产品说明以确认用药方法、药物用量、用药时间及禁忌等。

在编写过程中,我们虽力求全面、直观地介绍龟类的养殖技术,以达到实用性、科学性和可操作性的统一,但由于水平所限,不足之处在所难免,恳请广大读者批评指正。

编著者

目录

CONTENTS

第一章 龟的价值

一、食用价值 -- 1
二、药用价值 -- 2
三、观赏价值 -- 4
四、科研价值 -- 5

第二章 淡水龟养殖及产业发展现状

第一节 龟养殖品种与养殖模式 ---------------- 7
　一、主要养殖品种 ------------------------------ 7
　二、主要养殖模式 ------------------------------ 8

第二节 淡水龟养殖现状及产业发展 -------------- 17

一、养殖现状 ———————————————— 17
二、存在问题 ———————————————— 21
三、产业发展前景 —————————————— 27

第三章 大宗淡水龟养殖品种与养殖技术

第一节 乌龟 ———————————————————— 31
　一、形态特征 ———————————————— 32
　二、生活习性 ———————————————— 33
　三、繁殖习性 ———————————————— 34
　四、人工繁育技术 —————————————— 36

第二节 黄喉拟水龟 ————————————————— 47
　一、形态特征 ———————————————— 48
　二、生活习性 ———————————————— 50
　三、繁殖习性 ———————————————— 50
　四、人工繁育技术 —————————————— 52

第三节 中华花龟 —————————————————— 66
　一、形态特征 ———————————————— 67
　二、生活习性 ———————————————— 68
　三、繁殖习性 ———————————————— 69
　四、人工繁育技术 —————————————— 70

第四节　大鳄龟 ———————————— 77
　一、形态特征 ———————————— 78
　二、生活习性 ———————————— 79
　三、繁殖习性 ———————————— 80
　四、人工繁育技术 —————————— 81

第五节　拟鳄龟 ———————————— 86
　一、形态特征 ———————————— 87
　二、生活习性 ———————————— 88
　三、繁殖习性 ———————————— 89
　四、人工繁育技术 —————————— 91

第六节　红耳龟 ———————————— 97
　一、形态特征 ———————————— 98
　二、生活习性 ———————————— 98
　三、繁殖习性 ———————————— 100
　四、人工繁育技术 —————————— 101

第四章　特色淡水龟养殖品种与养殖技术

第一节　三线闭壳龟 —————————— 105
　一、形态特征 ———————————— 106
　二、生活习性 ———————————— 106

三、繁殖习性 -- 107
　　四、人工繁殖技术 ---------------------------------- 108

　第二节　黄缘闭壳龟 ---------------------------------- 112
　　一、形态特征 -- 113
　　二、生活习性 -- 114
　　三、繁殖习性 -- 116
　　四、人工繁殖技术 ---------------------------------- 117

　第三节　黄额闭壳龟 ---------------------------------- 123
　　一、形态特征 -- 124
　　二、生活习性 -- 126
　　三、繁殖习性 -- 126
　　四、人工繁殖技术 ---------------------------------- 127

　第四节　四眼斑水龟 ---------------------------------- 130
　　一、形态特征 -- 131
　　二、生活习性 -- 132
　　三、繁殖习性 -- 133
　　四、人工繁殖技术 ---------------------------------- 134

　第五节　果核泥龟 ------------------------------------- 139
　　一、形态特征 -- 140
　　二、生活习性 -- 141
　　三、繁殖习性 -- 142

四、人工繁殖技术 ---------------------------------- 143

第六节　安南龟 ---------------------------------- 147
　　一、形态特征 ---------------------------------- 148
　　二、生活习性 ---------------------------------- 149
　　三、繁殖习性 ---------------------------------- 150
　　四、人工繁殖技术 ---------------------------------- 150

第七节　黑颈乌龟 ---------------------------------- 158
　　一、形态特征 ---------------------------------- 158
　　二、生活习性 ---------------------------------- 160
　　三、繁殖习性 ---------------------------------- 160
　　四、人工繁殖技术 ---------------------------------- 161

第八节　黑斑池龟 ---------------------------------- 164
　　一、形态特征 ---------------------------------- 165
　　二、生活习性 ---------------------------------- 166
　　三、繁殖习性 ---------------------------------- 167
　　四、人工繁殖技术 ---------------------------------- 167

第九节　欧洲泽龟 ---------------------------------- 169
　　一、形态特征 ---------------------------------- 169
　　二、生活习性 ---------------------------------- 170
　　三、繁殖习性 ---------------------------------- 172
　　四、人工繁殖技术 ---------------------------------- 172

第五章 淡水龟疾病防治

第一节 龟类病害发生的原因 ············ 175
    一、环境因素 ············ 176
    二、管理因素 ············ 177
    三、生物因素 ············ 177

第二节 常见龟疾病的防治 ············ 178
    一、水霉病 ············ 178
    二、腐皮病 ············ 179
    三、白眼病 ············ 180
    四、疥疮病 ············ 181
    五、穿孔病 ············ 182
    六、肠胃炎 ············ 182
    七、肺炎 ············ 183
    八、红脖子病 ············ 184
    九、脂肪代谢不良病 ············ 184

第三节 安全用药 ············ 185

参考文献 ············ 188

第一章
龟的价值

一、食用价值

龟类是我国民众的传统滋补美食,其肉质鲜美,营养丰富。通常说的"龟有五花肉",是指龟肉有牛、羊、猪、鸡、甲鱼5种动物肉的营养和味道。龟肉、龟卵、龟板营养丰富,尤其是龟板具有骨胶原、钙、磷、脂类、肽类和多种氨基酸,二十二碳六烯酸(DHA)和二十碳五烯酸(EPA)(俗称脑黄金)含量也高于其他动物。

乌龟肌肉的蛋白质含量达16.64%，必需氨基酸和鲜味氨基酸分别占氨基酸总量的49.16%和43.39%。氨基酸组成中以谷氨酸含量最为丰富，异亮氨酸是第一限制性氨基酸。肌肉脂肪含量为1.51%，脂肪酸组成以$C_{18:1}$为主，达39.32%，其次为$C_{16:0}$及$C_{22:6}$，不饱和脂肪酸占脂肪酸总量的76.83%[3]。此外，乌龟还含有人体生命活动所必需的微量元素，其中Zn含量高达159微克/克。龟体Ca含量达3.562毫克/克[4]。黄喉拟水龟的含肉率为20.1%~26.6%。肌肉中各营养成分质量分数平均为：蛋白质18.2%、脂肪0.3%、灰分1.0%、水分79.7%。肌肉16种氨基酸中，人体所必需的8种必需氨基酸（EAA）的含量平均占氨基酸总量的44.9%。黄喉拟水龟肌肉中主要含有18种脂肪酸，不饱和脂肪酸含量平均占64.77%，高度不饱和脂肪酸平均占22.91%[5]。

二、药用价值

龟类是我国传统中药材，远在东汉时代，我

国第一本药物专著《神农本草经》就对龟的药用价值作了详细记述。明代著名药物学家李时珍认为，不仅陆龟能治病，海龟也能治病，他在《本草纲目》中写道："介虫三百六十，而龟为之长。龟，介虫之灵长者也""龟能通任脉，故取其甲以补心、补肾、补血，皆以养阴也"。

龟肉可以滋阴养血、祛风除湿、止寒嗽、疗血痢，适合治疗久病体虚、肺结核、久疟、久痢、痔疮、筋骨痛、尿频、小儿遗尿、子宫脱垂、糖尿病、痔疮下血等。龟的腹甲，中医处方称"龟板"（图1-1），是大补阴丸、大活络丹、再造丸和龟苓膏等著名中药的主要原料，富含骨胶原、蛋白质、钙、磷、脂类、肽类和多种酶，具有补心、滋阴潜阳和益肝健骨的功效。我国中药材中的龟板以乌龟和黄喉拟水龟的龟板为宜。龟板经过熬煮而成的胶叫"龟板胶"，其功能与龟板基本相同，其滋补力较龟板为优，并有补血止血作用，常用来治疗肾阴亏损所致的腰腿痿弱、贫血及子宫出血等症，也可用于治疗淋巴结核。此外，有报道表明龟板对肿瘤的治疗有一定作用。龟血入肾以及肝，可以治疗肝肾阴虚和阴虚不足，龟血还有抑制癌细胞的功能。龟胆味苦、性寒，主治痘后目肿、经月不开等。

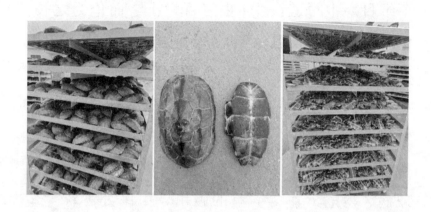

图1-1　龟板（徐昊旸　摄）

三、观赏价值

龟一直被当作长寿吉祥的灵物，因其体型奇特、色彩斑斓、行动悠然或稀少名贵，具有很高的观赏价值。中国饲养龟的历史十分久远，五代的《写生珍禽图》源自宫廷画家，图中两只生动逼真、栩栩如生的龟，说明当时宫廷中已豢养龟[6]。20世纪90年代以来，随着经济的发展以及国际贸易中交易的频繁，观赏龟养殖产业迅猛发展。目前，我国观赏龟的饲养种类超150种，以水栖龟类为主，如侧颈龟类、动胸龟类、地图龟类、伪龟类、乌龟、黄喉拟水龟、中华花龟、金钱龟、黄缘闭壳龟、黑颈乌龟、安南龟等[7]。此外，还有以黄喉拟水龟、三线闭壳龟及眼斑水龟、平胸龟等为基龟培育成的水中翡翠——绿毛龟也备受市场欢迎。

四、科研价值

龟是一种古老的爬行类动物，具有极强的生命力，有的寿命可长达百年，它出现在鱼类和两栖类动物之后、鸟类和哺乳动物之前。龟虽然是陆生脊椎动物，但是属于由水生向陆生进化过渡的动物，因此，龟类是研究生物演化的良好模型。在龟类漫长的时代更替、生死轮回中，由于地质活动和气候变化，分布在不同地理位置和环境中的龟，经过亿万年物竞天择，通过遗传和变异，适者生存，繁衍得五花八门、各具千秋。有的迁移到大海里，成为海龟；有的栖息到江河湖沼中，成为水栖性龟类；有的完全生活在陆地上，成为陆龟。因此，龟类在研究地质活动及生物多样性方面具有重要价值。多数龟类是变温动物，生命活动受到环境温度的影响。当环境温度较低及食物缺乏时，其生命活动受限，行动缓慢，也不利于捕食，所以龟类才有冬眠的习性。此外，龟类由于坚硬的外壳、生长速度缓慢、新陈代谢慢，多数龟类生命周期长，是动物中的"老寿星"。因此，龟类由于其独特的生理构造及生理特性也是研究人类长寿机制非常好的材料。

第二章 淡水龟养殖及产业发展现状

第一节 龟养殖品种与养殖模式

一、主要养殖品种

目前我国养殖的淡水龟类有 20 余种,形成养殖规模的品种主要有黄喉拟水龟、乌龟、花龟、三线闭壳龟、黄额闭壳龟、金头龟、百色闭壳龟、潘氏闭壳龟、锯缘摄龟、四眼斑水龟、平胸龟、巴西龟、鳄龟、安南龟、果核泥龟、黑斑池龟、欧泽龟等。其中黄喉拟水龟、乌龟、花龟是养殖规模最大的三类，这些龟的分布范围较广，主要以食用及药用为主[8]。三线闭壳龟、黄额闭壳龟、百色闭壳龟、潘氏闭壳龟、锯缘摄龟、四眼斑水龟、平胸龟这些龟类较大宗养殖品种属于高档龟类，主要以观赏为主。

二、主要养殖模式

1. 自然仿生型

仿生态养殖是追求高效优质的养殖目标、提高养龟经济效益的重要措施。仿生态养殖可以室内或室外，池中主要利用木头、石头或假山营造仿自然生态，养殖池周种植浮莲、绿萍或藤蔓植物创造隐蔽宁静的氛围，使龟有一个舒适的环境（图 2-1）。龟池的大小、形状不限，一般为砖砌结构，在池的任意边水面上方搭设食台，池的进出水口要安装防逃栏栅。室外仿生池上方可用龙须草遮阴,其叶子茂盛,能够阻挡多余的阳光,保持龟阴凉。此外,其下垂的气根可以直接从龟池水中吸取龟的代谢物所产生的氨、氮等有害物质,能够有效地减少龟池换水的次数。也可种植约占水面1/3的水浮莲遮阳。

图 2-1 仿生态养殖池(刘晓莉 摄)

2. 露天池塘养殖型

露天池塘养殖是目前淡水龟规模化养殖的主要方式之一，这种模式养殖面积大、养殖容量高、经济效益也比较可观（图2-2）。池塘应选择在避风、向阳、灌水方便的地方建造。池塘一般为长方形，分水池与滩面两部分。水池占3/4，滩面占1/4。滩面以25°～30°的坡度与水池相接。水池深

图2-2　露天养殖池（徐昊旸　摄）

2~2.5米，常年保持水深1.5米。进水和排水系统分列，自成体系，排灌方便。池塘四周留宽1米左右的空地。外围用砖石、锌铁皮或石棉瓦等砌60厘米左右高的围墙防逃。墙内面要光滑。在滩面与水池相接处设数个平台作饵料台。池的进出水口处设栏栅，以防止逃逸。

3. 家庭室内养殖型

家庭室内养殖型是目前农村一些小养殖户采用的养殖模式，主要利用室内的塑料盆（图2-3、图2-4）、玻璃缸（图2-5）等养殖稚、幼龟或成龟。此外，还有屋顶式养殖，这是充分利用屋子顶层天台建造龟池养龟的方法，优点是既节省了空间、相对提高了防盗系数，又能使龟充分与阳光、雨水接触，促使了龟的正常生长与繁殖（图2-6）。屋顶养殖时，受空间限制，比较适合饲养黄缘盒龟、三线闭壳龟等附加值较高的经济龟类。养殖时，可因地制宜，建造多层龟池，有效利用空间。投饵及水质等日常管理，与水泥池、池塘养殖时的管理方法类似。

图 2-3　塑料盆养龟（刘晓莉 摄）

图 2-4　塑料盆养龟（王家伟 摄）

图 2-5 玻璃缸养龟（王家伟 摄）

图 2-6 屋顶养龟（魏成清 摄）

4. 温室养殖型

龟类在自然条件下，生长缓慢，繁殖周期长，成活率低。因此，单纯依赖自然生态环境养殖的数量，远不能满足市场需求。近些年来快速发展的温室养殖是目前养殖周期最短、占地较少、收效最快的养殖模式。它主要通过在冬季打破龟类的冬眠习性，使在常温下需要4～5年才能达到的商品规格，缩短到1年左右。控温的方式主要有两种：温室控温（利用电力等人为增高养殖环境的温度）（图2-7）和采光增温（一般用塑料棚加

图2-7　温室控温养龟（刘晓莉 摄）

盖在养殖池上），主要用于养殖乌龟、黄喉拟水龟等大宗淡水品种。

5. 温室加外塘二阶段养殖型

工厂化温室养殖模式的养殖周期较短，经济效益较高，但是相对生态养殖，其产品质量不高。而池塘生态养殖模式的养殖周期较长，经济效益不高。随着当前市场对于龟类养殖数量及品种要求的提高，淡水龟的养殖逐渐形成了"温室加外塘"二阶段式养殖模式，幼龟在温室中养至商品龟规格后可转移至外塘养殖。该养殖模式既解决了温室养殖的品质问题，又克服了纯外塘养殖模式养殖周期较长的缺点，通过这种养殖模式生产出来的商品龟肉质较好，体型、体色也都比较漂亮，市场卖价较好。目前乌龟、黄喉拟水龟、花龟、红耳龟等均可以采用这种养殖模式。

第二节 淡水龟养殖现状及产业发展

一、养殖现状

我国养龟业是改革开放后随着人民生活水平的不断提高，逐步发展起来的新兴特种养殖业。据不完全统计，目前全国有养殖户几十万家，产品在市场流通的价值达到万亿元，特别是两广和海南，养殖人员之广、规模之大、品种之多可谓全球之最。到目前，我国的养龟业已基本形成科研、养殖、销售和加工一条龙的产业链。

1. 养殖数量全球最多

据不完全统计,到目前为止我国十种本土名龟的养殖数量已达到1.4亿只左右,总产量7万吨左右,其中价格低的乌龟和中华花龟达1.2亿只,产量6万吨。黄喉拟水龟、中国平胸龟、眼斑水龟数量也达到0.13亿只,产量0.65万吨。高档的三线闭壳龟、金头闭壳龟、黑颈乌龟、黄缘盒龟、黄额盒龟0.07亿只,产量0.35万吨。创全球人工养殖中国土著名龟数量之最。特别是高档名龟三线闭壳龟和黄缘盒龟,我国实际的单品种人工养殖量占全球80%以上。

2. 养殖模式丰富多样

我国的中低档名龟,由于市场需求相对较大,所以一般采用工厂化恒温培育苗种,外塘生态养成商品上市,也就是我们常说的"两步法"养殖模式。高档名龟由于价值高、投资大,养殖规模相对较小,养殖大多以家庭式庭院养殖和利用闲置的楼内、阳台和楼顶养殖为主。这种养殖模式不但安全，也不太占用土地资源，如目前高档名龟养殖量最多的两广地区，80%采用这几种模式，这种养殖模式也是我国独创的节约资源型养殖新模式，养殖者大多是不脱离本职工作或不放弃原来经营的产业进行兼职养殖。

3. 养殖技术基本成熟

通过几十年的努力，我国本土名龟的规模化人工繁养技术已基本成熟，亲龟繁育率可达85%以上，苗种培育率达到80%以上，成体养殖成活率达到85%以上，并在亲龟培育、产卵孵化、苗种培育和成体养殖上创新了许多技术，设计了许多新设备，如人工恒温孵化使受精卵的孵化率从原来常温自然孵化的不到50%提高到85%以上，孵化时间也比常规缩短20天以上。而工厂化恒温培育苗种，成活率也比野外常温培育提高15%左右，且培育时间缩短近6个月。繁养技术的逐步成熟为我国扩大本土名龟的种群、满足养殖和市场消费需求，打下了坚实的基础。

4. 市场价格逐步回稳

我国的低档名龟随着开发利用的不断进展，有些商品价格从过去的暴涨暴跌开始逐步回稳，如乌龟的价格在过去的几十年里曾一度涨到每公斤560元，后又暴跌至每公斤30元，目前已经回升到与实际价值相符的每公斤50元左右，基本达到买得起吃得起，养龟有利润的平稳势态。而以黄喉拟水龟为风向标的中档名龟，苗种价格也从2014年暴涨到800元1只，到2017年跌落到60元左右，至今价格仍然低迷。高档名龟以稀少为贵，市场价格高出中低档龟类几倍甚至几十倍。以目前热门的三线闭壳龟为例，一只20克左右的三线闭壳龟苗从1983年的每只30元，涨到2014年最高5万元，是低档龟苗的千倍甚至万倍，是中档龟苗的百倍甚至千倍，从2015年开始价格逐年下降至今的5000元左右。价格的合理下降，阻止了市场炒作，也稳定了市场。

5. 高科技开发利用开始起步

我国对龟类产品的开发利用，目前除了活体供家庭观养和食用外，在传统中医药学研究的基础上，也进行了保健品和中医药用产品的开发，如目前做得比较好的龟鳖丸、鹿龟酒、龟甲胶、龟苓膏等。一些地方还进行了石龟蛋白肽的研发工作，初产品对癌症病人的康复辅助有较好的作用。目前两广一些有实力的企业还计划进行龟的有效活性成分的提炼性精深加工，如金龟露、金钱龟酒、金钱龟含片和金钱龟精等养生保健品，受到了港澳市场的青睐。安徽工业大学有关黄缘闭壳龟对女性乳腺癌的预防研究也有了新的进展，说明我国在龟类进行人工繁养的基础上，利用高科技手段对龟的开发利用也开始起步。

二、存在问题

由于龟的品种较多，涉及面广，单品种市场走向不确定，目前仍存在阻碍养龟产业发展的诸多问题。

1. 部分养殖户养殖经营资质不全

由于我国龟业的养殖经营长期以来是从民间小规模自行发展而来的，所以许多养殖户对所养殖龟类的社会管理状况不太了解，如哪些是列入国际保护名录的保护动物、哪些是国家和地方保护动物、养殖经营和流通需要哪些许可等。所以许多养殖户还没有办理合法的养殖经营许可证照，这样会给自己带来麻烦，特别是十八大后我国进入依法治国的发展轨道，如何合法养殖经营也成为影响产业发展的重要因素。我国的养殖龟类除了极少数珍稀龟类被列入一级保护动物外，一般比较名贵的被列为二级保护动物，而不被列入保护名录的就是普通养殖动物。但就水生动物养殖而言，不管是否被列入保护名录，凡是养殖都必须有证。对于养鱼、养鳖、养蟹等，如是搞苗种经营的，还要办《水产苗种生产许可证》；如是养殖保护动物，就需办理《水生野生动物驯养繁殖许可证》；如要进入市场流通或开发利用，还要办理《水生野生动物经营许可证》。如果没有这种相应的证照，都视为违法或违规，这不但使养殖经营者存在风险，也会对行业发展带来不利（赵春光，2017）。

目前我国价格较高的龟类品种，大多被列为国际、国内不同等级的保护名录，根据野生动物保护法规定，养殖和经营这些龟类必须持有管理部门的许可，否则视为违法。特别是从境外引进的品种，不但要有许可，引进时还要进行检疫检验，但据调查，目前我国一些中小养殖户有相当部分没有这种许可，经营流通也大多处于自由流通。由于在流通过程中缺乏监管和检验检测，不但质量难以保证，更难预防疾病输入。一些养殖户反映龟难养、疾病多，其中与这种非法流通过程中的过度应激和体内外损伤不无关系。因此，我国的龟类交易除了那些没有被列入保护名录的食用龟类可以在公开的市场交易流通外，大多数龟类实质上还是私下交易为主，这也给监管造成很大的难度。

2. 非法经营或无序竞争搞混市场

在销售中，在高利润诱使下，有的养殖场家以捕捉的野生龟冒充驯养龟，有的甚至把吞下鱼钩的受伤野生龟作为驯养龟出售，还有个别商家以病龟冒充健康龟，以涂颜色、修尾巴、整裙边的造假手法，以劣质龟冒充良种龟出售，使消费者蒙受较大损失。

此外，龟类生长慢、见效慢，不如"买来卖去"见利快，在这种心理指导下，养殖户倒种、炒种的多，建养殖池多为暂养代售。"养殖户"实际上是"二道贩子"，导致很多品种的龟类养殖技术一直不高，也在一定程度上限制了龟类养殖的健康发展。

3. 原有种群多样性面临挑战

对一般区域生态中的生物多样性来说，基本以保护原有稳定的种群为主，否则就被破坏，而一旦破坏，要想再恢复就极难。由于龟类的开发价值较高，应用较广，所以在养殖和引进过程中，如不加强监管，就极易造成破坏原有区域生态多样性的可能。这主要表现在两方面，一是乱放生，二是无序杂交。

放生者的本意是把龟从圈养者中花钱救出来，放归到自然中去，可谓是一种善举。但如果不分品种、不分场合乱放，就会造成无法弥补的后果。红耳龟，俗名彩龟，这种外表艳丽、行为可爱的外来龟，用于观赏和食用，在我国曾风靡一时，开始时一只10克重的龟苗价格高达300多元。这种龟不但艳丽好看、味道鲜美，还有繁殖率和生存率极高的特性，在世界上属于侵害性物种。由于这个特性，在我国不到10年，就沦为最低档的食用龟类，现在一只10克重的龟苗在市场上一般不超过5元。如果把这种龟放生到我国任何一个淡水自然水域中，就会很快使原有水域的土著龟类数量减少甚至完全消失，形成其独霸的态势。所以这种龟在我国已经列为重点关注的进口物种之一。

杂交是改良和提高物种性能的一种生物学手段，人们利用科学技术有目标、有方向、规范有序地进行这项工作，已经取得很多成果，如我国的杂交稻、杂交鱼等。特别是通过杂交培育的新品种，不会被列入保护名录而可以积极开发利用。而那种无序的杂交，一代种在市场中随意流通并进行自交，这些自交体也会因缺乏监管流入自然水域，从而造成严重的杂交污染，这种后果不亚于外来物种的侵袭，同样会造成水域种质资源的基因混乱。

4. 产业结构比较单一

龟产业依然以养、销为主，产业结构比较单一，大型龟产品深加工企业较少是全国龟鳖养殖行业共同遭遇的困境。随着养殖户囤积的成品龟越来越多，价格自然也出现了波动。一种产品要消费者认知，首先要民众知晓，而龟产品目前为止，知晓的人并不多，特别是年轻人，只知有龟而不知龟有何用。即使在一些地区龟产品的营养滋补价值已经得到认可，但食用不便又是阻碍消费的一大难题。因此，改变粗放养殖方式，进行深加工，提取核心技术产品，适应新生代对产品的需求方式，是大规模开发消费需求的最佳途径。

三、产业发展前景

虽然我国养龟的历史悠久，但真正形成产业是在新世纪初，相对于其它养殖业规模比较小，而且养殖地域也主要在两广和华东部分地区，在发展的同时还存在不少有待完善和加强的产业规范。要做到可持续健康发展，必须根据我国新时代发展新趋势、新要求，遵循保护、繁养和合理利用的原则。

1. 因地制宜做好产业规划

适宜的气候条件不但适合龟的生长，也可节约养殖成本和降低养殖风险，如在我国两广和海南，一般水栖龟类的野外常温生长期比华东与华东以北地区多3~4个月，这不但相对缩短了龟的育成期，实际的养殖成本也大大降低，因为养殖时间的延长意味着各种投入相对增加，所以自然气候条件十分重要,这也是为什么我国华东以北地区的养龟业发展相对华南、西南慢的主要原因。

2. 合法养殖依规经营

即使是本土名龟野生种群,经过人工驯养的后代再进行人工繁养,也必须办理国家颁发的《野生动物繁养证》和《野生动物经营证》,以做到合法养殖、依规经营,否则就属违法。我国目前有众多的养殖户因种种原因还在无证繁养和经营。据不完全统计,我国目前持证养殖和经营的养龟户不到30%。正因为如此,龟的公开交易很多不敢全面公开进行,这显然对今后的健康养殖和产业发展是极为不利的,所以一定要重视繁养经营合法化。

3. 加大宣传力度,拓宽龟市场

一种产品要消费者认知,必须加大力度进行广告和宣传,让民众不但知道有龟,还知道龟是好玩、好看、好吃和保健养生的宝贝。近年来广东、广西、浙江、上海等地开展了一些龟类和龟产品展销会及龟文化展示活动，起到了很大的宣传效果，知道的人多了，尝试和应用的人也会多起来，市场也会兴旺起来。

4. 建立终端市场直通机制，以园区建设带动规模养殖

随着产业的发展，产品价格利润空间的压缩，流通就变成了一种阻力。因此，建立终端市场直通机制，减少流通阻力也是产业转型的重要内容。对于龟养殖行业，随着繁育规模的扩大，苗种和成品价格恢复理性状态，规模发展就成了重要的发展模式。要把更多的目光放在规模养殖如工厂化养殖这方面，产业园区也将会因此成为养殖户们的刚性需求之一。

5. 以品牌为向导，加大深加工力度

当前龟深加工企业不多，部分深加工企业虽有好产品，但是缺乏大品牌。因此，要以品牌为

向导，做强深加工的大文章。建议养殖户集中入驻有技术和金融服务、价值利用研发和上下游生产加工的综合性生态园区，通过科企融合，为龟养殖、下游深加工、产品开发提供技术支撑，并将现有的一些相关研究进行转化。

第三章 大宗淡水龟养殖品种与养殖技术

第一节

乌龟

乌龟（*Mauremys reevesii*）俗称草龟、金龟，隶属于爬行纲（Reptilia）、龟鳖目（Testudoformes）、龟科（Emydidae）、拟水龟属（*Mauremys*），主要分布在中国、日本和朝鲜，其中80%以上的种群分布在我国境内[9]（图3-1）。乌龟在我国是分布最广、数量最多的一种龟，在20多个省市区均有发现。乌龟具有很高的营养价值,主要供食用和入药,其肉味鲜美,龟甲龟板富含骨胶原、钙、磷、脂类、肽类和多种氨基酸,有较好的食用与药用价值。

图 3-1　乌龟(朱小玲 摄)

一、形态特征

乌龟身体为椭圆形,背甲稍隆起,有 3 条纵棱,脊棱明显。背面略呈三角形,头顶黑橄榄色,前部皮肤光滑,后部具细鳞,眼后至颈部具有黑色、黄绿色相互镶嵌的纵条纹 3 条。腹甲平坦,后端具缺刻。颈部、四肢及裸露皮肤部分为灰黑色或黑橄榄色。趾间有蹼。背甲与腹甲以骨缝相连，无韧带组织；上颌骨齿槽面没有嵴，槽面中部宽，后面窄，前部不呈齿状，头宽不及背甲宽的1/2，吻部倾斜。雌性龟背甲较短且宽，腹甲平坦中央无凹陷，尾细且短，尾基部细，泄殖孔距腹甲后缘较近；雄性龟背甲较长且窄，腹甲中央略微向内陷，尾粗且长，尾基部粗，泄殖孔距腹甲后缘较远。雄性乌龟成熟后全身变成黑色，而雌性乌龟显棕褐色体色。

二、生活习性

乌龟为半水栖性，自然状态下，白天多在水中戏游或觅食，夜晚常在水边杂草丛中或稻田里觅食，遇上敌害则将头、尾全部缩入坚固的壳内。乌龟晴天多栖于水中的树枝或岩石上晒太阳，当感觉到危险时便进入水里。乌龟是杂食性动物，动物性的昆虫、蠕虫、小鱼虾、小螺蚌，植物性的嫩叶、浮萍、水浮莲、杂草种子、稻谷、麦粒等均是其食物。乌龟为变温动物，体温随气温而变化，有冬眠的习惯，当外界温度＜12℃时，乌龟开始不吃食，进入冬眠状态。当水温上升到15℃时，乌龟渐渐从冬眠中醒来，水温18～20℃时开始摄食。

三、繁殖习性

自然状态下，长江流域以南地区，乌龟的第一次性成熟年龄为5龄。在生产上，温室加外塘养殖模式下的乌龟4龄即可产卵。乌龟的雌雄个体一般于9～11月底交配。发情时，乌龟或在水面浮动划水，或在陆地上爬行，往往一只雌龟后面跟随有多只雄龟。起初，雌龟不理睬，随着时间推移，力大、灵活的雄龟便腾起前身扑到雌龟背上，用前肢抓住雌龟背部两侧，后肢立地进行交配；如在水中，则雌、雄龟上下翻滚，完成交配。产卵时间一般为4月底～8月底，5～7月为产卵高峰期。乌龟产卵窝数和卵数受年龄、体重、营养、温度等条件制约，一年中雌龟可产卵3～4

窝，每次间隔10～30天，每次产卵5～16个，卵为椭圆形（图3-2）。水温、气温27～31℃最佳，超过35℃则停止产卵。乌龟的掘窝和产卵行为，雄性均不参加。爬向产卵场的雌龟几乎是成群结队，一遇强光或受惊，立即逃入水中，但正在产卵的个体，即使遇到干扰，也不会停止产卵行为。产完卵的雌龟，既没有孵卵行为，也没有护卵习惯。

图3-2　乌龟卵（刘晓莉 摄）

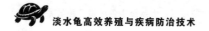

四、人工繁育技术

1. 亲龟选择和培育

亲龟是指用于人工繁殖的性成熟的乌龟。亲龟要来源于具有合法资质的养殖场,优先选择省级及以上原(良)种场或有资质的遗传育种中心培育成的亲龟,或从以上单位购买的苗种培育成的亲龟,要求4冬龄以上。亲龟的体重一般为雌性300克以上,雄性为150克以上。要求体质优良,外形匀称、美观,健壮活泼,皮肤完整无伤,体色鲜艳、有光泽。将龟翻转放在地面时,龟能迅速翻身、逃跑。头和四肢平时伸展自如,当遇到外界干扰时,能迅速缩回体内。无病残,无畸形。

亲龟放养密度以3~5只/平方米为宜。性成熟后雌雄个体的第二性征比较明显。雌龟个体较大、躯干短而厚,甲壳呈褐色,尾的基部较细小,底板的尾部较平直,无臭味。雄龟个体较小,躯干长而薄，甲壳黑，尾的基部较粗实（交接器藏于此），底板的尾部较尖而上翘，其内凹长而深，以适应交配动作。雌、雄龟的放养比例以（3∶1）～（4∶1）为宜。

亲龟放养前，排干池水，检修防逃设施，保持养殖池底有20厘米左右厚的软泥（图3-3）。每亩龟池用生石灰100～150千克化浆后全池泼洒，再暴晒7～10天。亲龟放养前可用30毫克/升1%聚维酮碘浸浴10～15分钟进行体表消毒。消毒后，将乌龟用箱、盆等容器运至龟池水边，倾斜容器口，让乌龟自行游入养殖池。投喂乌龟专用膨化配合饲料，蛋白质含量以40%左右为宜。水温18～25℃时，每天投喂1次，中午投喂。水温25℃以上时，每天投喂2次，上午、下午各一次。定时、定位、定量投喂。日投饲量为亲龟体重的1%～3%。每次所投的量以在1小时内吃完为宜。每天早晚巡池2次，观察亲龟摄食、活动和水质变化情况，及时清除残饵、污物。亲龟培育全过程应建立生产记录、用药记录等档案。

图 3-3　亲龟池（彭明伟 摄）

2. 龟卵收集及孵化

雌龟产卵前 5～7 天，翻松产卵房板结的沙层，清除杂物。调整沙层适宜的湿度，以手捏成团、松手即散为准。产卵一般从 5 月初开始，天气晴朗时，产卵多在傍晚进行，也有在晚上到次日早晨期间产卵。阴雨天时，全天均可见产卵。观察到亲龟产卵后，先做好记号，一般在次日上午收集龟卵。收卵时，扒开卵窝上覆盖的沙层，取出龟卵，轻放于底部垫有松软物质的容器内，避免龟卵因撞击和挤压而损坏。收卵后将产卵房的沙抹平。龟卵收集 3 天后，能分辨出动物极时开始挑选受精卵，受精的龟卵外观可见一个圆形的白色亮区（即动物极），随着胚胎发育的进展，圆形白色亮区逐步扩大，白色亮区边缘界限清晰，整齐，无残缺。将经过鉴别的受精卵动物极朝上，成排整齐地埋藏在孵化介质中，卵间距1厘米为宜。孵化期间，孵化介质温度控制在26～30℃，一般50～70天可分批孵化出稚龟。

3. 稚龟暂养

稚龟出壳后不应立即取出，需放置在孵化箱内2～3天，静养期间不投喂饲料，待龟腹部肚脐全部收缩后取出放入暂养池中暂养（图3-4）。未收缩的龟继续放在孵化箱内静养。孵出稚龟数量不多的情况下可将稚龟放置于清凉的地方一段时间。养殖池不足的条件下可将稚龟进行低温处理，采用每隔3～4天降温2～3℃的方法由30℃降至13℃进行长期保存（图3-5）。

稚龟选择要求体重大于4克/只（4克以下的进行统一分池处理），规格整齐，体色正常，体表光亮，活泼健壮，无伤无病。龟苗放养前用生石灰对养殖池进行消毒，用量一般为40克/平方米，

图 3-4　乌龟稚龟（刘晓莉　摄）

加水浸泡 24～48 小时后排干。

4. 幼龟培育

乌龟恒温下饲养的生长速度明显快于常温下饲养。温度与其生长有密切关系，加温可以促进幼龟的生长。利用露天土池或水泥池培育幼龟，生长速度慢，且鸟类敌害防控难度大、成本高，因此，可采用温室恒温培育幼龟。

温室建造。单个温室大棚支架用镀锌钢管，

图 3-5 降温房（刘晓莉 摄）

支架呈弧形，顶端高出地面 3～3.5 米。支架上覆盖保温设施，主要由尼龙网、尼龙布、泡沫材料、黑色加厚保温膜组成的 9 层结构（使用年限可达 10 年）组成（图 3-6）。室内建幼龟培育池，单个温棚配备 20 个养殖池，左右各 10 个，每个养殖池面积为 40 平方米，池深 1 米，过道宽为 1 米。

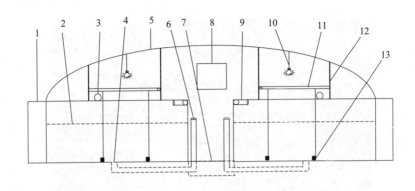

图 3-6　温室大棚剖面图

1—棚间墙；2—水位线；3—蒸气输送管道；4—底部排水口；5—棚架；
6—排污管道；7—过道与排水沟；8—通风窗；9—进水管道；
10—照明设备；11—氧气输送管道；12—棚顶支架；13—气石

温室设有独立的进排水系统及供热控温、增氧系统。每个池配备一个进水口和出水口。主要通过锅炉房燃烧生物颗粒（木屑材质）产生的水蒸气和温水运输至各个车间，使温室内温度保持在32℃、水温保持在30～31℃。棚内配备自动控温装置，温度达设定阈值时自动停止加热。夏季温度过高时，停止加热，打开排气扇和温室大棚的门以达到降温的效果。

温室曝气设备为ZLE-65WA型二叶罗茨鼓风

机和旋涡式气泵用单电容运转异步电动机（图 3-7）。每个车间配备 8~10 台，平均 1 个大棚配备 1 个曝气设备，每个池放置 7~8 个气石。

图 3-7　曝气设施（彭明伟 摄）

5. 幼龟放养及投喂

放养前按规格分池，放养密度为 6000 只/池（42 平方米）。将龟苗倒入养殖池，待自行爬开后进行加水，一般加水至 2 厘米深，放养后加入肥水制剂、应激宝、解毒制剂、肝肠宝等调节水质，用量约为 20 克/立方米，每隔 2 天补水直至水位达 10 厘米，之后 10~15 天补水一次并排污，每次需将池底黑色污物排尽，同时加深水位 2 厘米，直到水位加深至 30 厘米。分池之前水位不应超过 30 厘米。养殖 4～5 个月（约 100 克）后开始分池，池水排干后，将小的和公的挑出，按同等规格进行养殖，养殖密度 2300 只/池。分池后放置 1～2 天，并逐渐将池水加深到 50～60 厘米，改为每隔 2～3 天排污一次，每隔 5～7 天补水一次。补水时温差不能超过 2℃。排出的养殖尾水经处理后达标排放。

放养后一个月内使用 0 号料进行投喂，少量投喂，一天三次，日投喂量约为幼龟体重的 3%～5%，根据取食情况适当调整。一个月后一直到分池前改为投喂 1 号料，期间根据取食情况逐渐增大投喂量，将投喂频次改为一天两次。分池后改投 2 号料，6 个月之后改投 3 号料（图 3-8）直到出售。

温室养殖一年后，待新的一批孵出的幼龟准备迁入温室前，对温室棚养殖的龟二次分池，把达到上市规格（0.7～0.8 千克）的挑出售卖，同时将雄龟和体型特别小的雌龟挑出，放入后备亲本池养殖，其余的龟由两个池合并入一个池，余

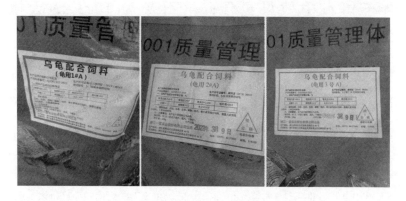

图 3-8 龟用饲料（彭明伟 摄）

下的养殖池作为幼龟培育池。

6. 日常管理及病害防治

养殖过程中关灯保持黑暗状态可以减少中华草龟应激与同类相残，在投饵时开灯以便取食，直至巡池结束后关灯。巡池过程中检查龟的吃食、活动和水质变化等情况及室内养殖设施完好度，及时捞出死龟、病龟等。

乌龟养殖过程中对疾病坚持预防为主、防治结合的原则，使用原则为解毒制剂、肝肠宝、应激宝三种混合，7天为1周期；护水宝20天为1周期，两者轮次使用，不可混合使用，粉状药品拌于饵料中效果更佳；生石灰为 15～20 天撒一次。

当温室氨氮含量超标时，增加养殖池曝气，且进行排污 1 分钟处理，然后向水里添加速邦解毒剂，剂量为 20 克/平方米。当温室亚硝酸盐含量超标时，关掉部分气阀，减少增氧，待喂食完巡塘时，排污 1 分钟排去底部沉降的亚硝酸盐，过夜后逐渐增加气阀，期间减少喂料，待 24 小时后将气阀数目增加回原来的数目，并在每次巡塘时进行亚硝酸盐测量，数值恢复正常即可恢复投喂量。如出现大量死亡则需排去 2/3 池水，并将死龟捞出，减少喂料，逐渐补水恢复到原来的水位（一般为 3 天），每次补水需向水里添加解毒制剂、肝肠宝、应激宝，用量为 20 克/平方米。

对温室的水质情况以 3 小时、24 小时间隔进行水质监测，结果显示透明度、温度、pH 基本不变（透明度维持在 2～3 厘米，水温为 30～31℃，pH 为 7.6 左右），且水中的氨氮、亚硝酸盐、溶解氧波动不大，两者曲线基本拟合（图 3-9），表示温室水质通过调控能维持稳态。

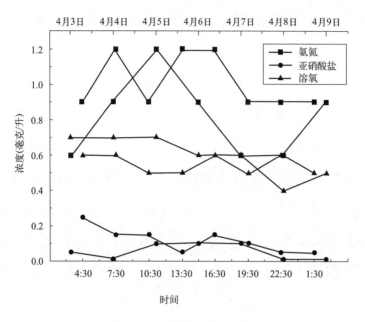

图 3-9 温室水质参数

第二节 黄喉拟水龟

黄喉拟水龟（*Mauremys mutica*）俗称石龟、

香乌龟,隶属于爬行纲(Reptilia)、龟鳖目(Testudoformes)、龟科(Emydidae)、拟水龟属(*Mauremys*),国内主要分布于江浙、安徽、广东、广西、海南、福建及台湾,国外分布于越南。黄喉拟水龟肉、卵均可食用,并且龟肉可以提高免疫力,龟血有抗癌的效果。成年龟富含多种氨基酸,味道鲜美,蛋白质含量达到了18.2%,含肉率23.4%。龟甲可入药,中医用于滋补身体,益肾强骨。

一、形态特征

黄喉拟水龟体呈椭圆形,前部略窄、后部略宽,中部稍内凹(图3-10)。头中等大,吻较尖突,上颌中央具缺刻,头背光滑无鳞,鼓膜圆形。背甲稍微隆起,有3条纵棱,中央脊棱明显,而侧脊棱较弱。颈盾较小呈长方形,臀盾在最后缘形成尖突。腹甲较大,略与背甲之长相等;喉盾前缘稍内凹;肛盾后缘形成深的三角形缺刻;甲桥明显。四肢扁圆,前肢5爪,后肢4爪,指、趾间具全蹼。头侧自眼后至鼓膜上方有一条窄的黄色纵纹，头背及两侧橄榄色或棕色，背甲、四肢外侧及尾背为棕黄色、褐色或棕黑色。背甲各盾片间缝为黑色；头的腹面、四肢内侧、腹甲、尾的腹面及裸露皮肤部分为橘黄色或淡黄色，腹甲各盾片上具堆成的棕黑色斑块。成龟雌性腹甲平坦，雄性沿腹甲中线具纵凹陷。黄喉拟水龟雌龟腹甲中央平坦、尾短，泄殖腔孔距尾基部较近；雄龟腹甲中央凹陷，尾长，泄殖腔孔距尾基部较远。

图 3-10　黄喉拟水龟（王亚坤 摄）

二、生活习性

黄喉拟水龟野生个体主要栖息于丘陵地带、半山区的山间盆地和河流谷地的水域中，有时也常到灌木草丛、稻田中活动。杂食性，取食范围广，包括禽畜肉及内脏、植物类的瓜果蔬菜，喜在水中觅食。黄喉拟水龟夜间活动、觅食，野生黄喉拟水龟主要摄食鱼、虾等肉食性饵料，人工养殖个体使用黄喉拟水龟专用全价配合饲料。自然条件下，黄喉拟水龟在10℃左右进入冬眠，不再活动和进食。每年的4月底至10月初活动量大，最适环境温度为18～32℃。

三、繁殖习性

黄喉拟水龟从孵化到性成熟需要4～5年。性成熟后，除冬季外，黄喉拟水龟常年都有交配活动，交配时间多在夜晚或清晨。交配前雄龟显得很兴奋，常尾随雌龟之后，以头部撞触雌龟的肩部,雌龟不动时,雄龟爬上雌龟的背,前爪勾住雌龟的背甲前缘,尾部伸出交接器,进行交配。黄喉拟水龟窝卵数随着母龟规格的增大而极显著提高。黄喉拟水龟产多窝卵,平均产卵1~7枚。卵呈白色,长椭圆形(图3-11),卵长径40毫米、短径21.5毫米,卵重11克左右。雌龟每年4月下旬开始产卵,8月中旬左右结束,5月和6月是

图3-11 黄喉拟水龟卵(左侧为受精卵,右侧为未受精卵)(王亚坤 摄)

产卵高峰期。不同年份，初始产卵时间不同，主要受该年气温（尤其是2~4月份的平均气温）的影响，气温高则产卵时间提前，气温低则产卵时间推迟。产卵时间多在夜晚。产卵前，龟先用后肢挖洞穴，洞穴口大底小，一般洞穴直径40毫米、洞深80毫米，然后将尾部对准洞穴，后肢伸出，脚掌张开接卵。产卵完后，又用后肢拨土，将洞穴填平。

四、人工繁育技术

1. 亲龟选择和培育

亲龟来源于具有合法资质的养殖场，优先选择省级及以上原（良）种场或有资质的遗传育种中心培育成的亲龟，或从以上单位购买的苗种培育成的亲龟。要求体质优良，外形匀称、美观，健壮活泼，皮肤完整无伤，体色鲜艳、有光泽。将龟翻转放在地面时，龟能迅速翻身、逃跑。头和四肢平时伸展自如，当遇到外界干扰时，能迅速缩回体内。无病残，无畸形。

亲龟放养密度以 5~7 只/平方米为宜。雌、雄龟的放养比例以（2∶1）~（3∶1）为宜。放养时间应选在 4 月下旬或 5 月上旬。放养前，排干池水，检修防逃设施，或用 1% 的聚维酮碘溶液（水产用）浸浴 10~15 分钟进行亲龟消毒，之后将消毒后的亲龟用箱、盆等容器运至龟池水边，倾斜容器口，让其自行游入龟池。投喂黄喉拟水龟专用全价配合饲料。要求粗蛋白含量为 40%、脂肪含量为 3%~5%。水温 20℃以下时，不投喂。水温 20~25℃时，每天投喂 1 次，以 15~16 时为宜，日投喂量为亲龟体重的 1%~3%；水温 25~32℃时，每天投喂 2 次，宜 8~9 时、16~17 时各一次，日投喂量为亲龟体重的 3%~5%；水温超过 32℃时，停止投喂。根据水温、天气和亲龟的摄食强度灵活调整投喂量及投喂时间，1 小时内吃完为宜。

日常管理中，早晚各巡池一次，检查进排水口及防逃设施，观察亲龟摄食、活动和水质等情况，清除残饵。高温季节在龟池上搭盖遮阴棚并适当提高水位,每月用10毫克/升漂白粉溶液全池泼洒消毒一次,根据池水水质情况换水。每天定时测量水温、pH等水质因子。秋末水温低于15℃时,亲龟进入冬眠期,可搭保温棚越冬。

2. 稚龟暂养

稚龟出壳后继续置于孵化箱中,待卵黄囊吸收完毕,脐带自然脱落,可放入幼龟池中培育。

3. 幼龟培育

幼龟放养前,检修进排水、供电、供氧等设施设备。将经消毒的幼龟用箱、盆等容器运至龟池水边,倾斜容器口,让幼龟自行游入龟池。放养时暂养盆内与龟池内的水温温差不大于2℃。同一龟池放养的幼龟要求规格整齐,体重误差不超过2克。体重50克以下幼龟放40~60只/平方米为宜,体重50~150克幼龟放30~40只/平方米为宜,根据龟的体重适时调整放养密度。使用黄喉拟水龟专用全价配合饲料,蛋白质含量以42%左右为宜,脂肪含量4%~6%为宜。

幼龟宜控温养殖，水温控制在28～31℃，池边水深应控制在5～10厘米，以后随着黄喉拟水龟个体的长大逐步提高水位，幼龟期水位30～60厘米为宜。每天投喂2次，宜早8～9时、下午4～5时各一次，日投喂量约为幼龟体重的3%～4%，每次投喂控制在1小时内吃完为宜。养殖过程中，及时清除粪便、残饵，使用物理、化学、生物等措施调节水质。

日常管理中，每天早晚各巡池一次，观察幼龟摄食、活动和水质变化等情况，定期换水或视池水水质情况换水，每月用10毫克/升漂白粉溶液全池泼洒消毒一次。及时隔离病龟并诊断治疗，经常检查进排水口及防逃设施，及时清除残饵及排泄物。每天定时测量水温、pH等水质因子，做好养殖记录。

4. 无壳孵化及胚胎发育

近年来在鸟类中兴起的无壳人工孵化技术在医疗、精细化工等领域中发挥了重要作用。无壳孵化是一项备受关注的人工孵化技术，是人工孵化领域的一次重大突破。无壳孵化对于推动孵化科技及生命科学的进一步发展具有里程碑意义[10]。前期研究中，赵伟华等利用 Bouin's 固定液对黄喉拟水龟胚体进行了固定，再通过石蜡包埋切片及 H.E 染色进行观察后将黄喉拟水龟胚胎发育分为了 22 个时期，该方法存在需取样多个受精卵且每个发育阶段受精卵观察后即死亡的缺点。我们以黄喉拟水龟为研究对象，通过无壳孵化技术对其活体的胚胎发育进行了全程连续的观察与记录，以期为龟类胚胎发育机制的研究提供基础数据。

在黄喉拟水龟繁殖高峰期（5～7月），选取当天产的经过光照观察卵黄下沉具有可孵化性的黄喉拟水龟受精卵，洗净并用酒精擦拭消毒后置于超净台中。如图 3-12 所示，在一次性塑料杯中装入一半体积的灭菌水（步骤①）。将具有防透水、隔菌功能的保鲜膜套入装好灭菌水的一次性塑料杯中，拉伸成形为凹状、无褶皱的结构，深度 2～3 厘米，悬空，用橡皮筋固定（步骤②）。随后在超净台中用镊子小心剥开受精卵，将内容物打入凹状结构中。包裹内容物的保鲜膜被杯口托起形成与真实卵壳相同的立体结构和弧度（步骤③）。最后用保鲜膜将塑料杯口水平封住，无褶皱，并再次用橡皮筋固定，固定处涂抹酒精消毒（步骤④）。放置于恒孵化箱中孵化，控制孵化温度为 32 ± 0.5℃，设置孵化箱相对湿度为 80% 左右。每隔 24 小时用手机拍照记录胚胎的发育情况。

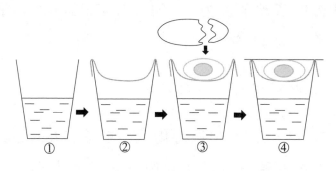

图 3-12　无壳孵化操作示意图

已知传统的辨别受精卵方法通常是以卵中部乳白色受精斑作为正常受精判别特征，出现受精斑通常需要 24～72 小时。若挑选带受精斑的龟卵在剥离卵壳时都容易散黄，极易失败。而且时间越长，卵清和卵黄越容易附着在卵壳上，难以剥离。经过多次反复试验，确定受精卵最佳去壳时间为当天产出 6 小时以内。在受精斑出现前，如何判断受精卵？经过对比观察发现，刚产出不久的受精卵在光照下可以观察到卵黄是下沉的（图 3-13 左），而不受精的卵黄则悬浮于中央，未下沉（图 3-13 右）。以此为依据，本次实验选取了 10 个受精卵，剥离卵壳，在 32±0.5℃下，孵化出稚龟 7 只，成功率 70%，孵化期平均为 54 天。孵化积温的变动范围为 40704～43776℃·时，平均孵化积温为 41472℃·时。

5. 胚胎发育的分期及依据

在 32±0.5℃恒温孵化下，参考前人的分类依据，根据胚胎发育的孵化时间，胚胎大小、形态特征，将黄喉拟水龟的发育分为 19 个时期。1～7 期以卵黄囊血管丛、心脏形态与跳动作为分期依据，8～19 期主要以头部、四肢、背甲、颜色、尿囊等作为分期依据。

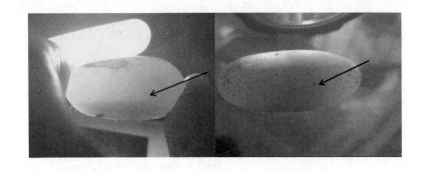

图 3-13 受精龟卵卵黄和未受精龟卵卵黄图

(左图为光照下受精龟卵卵黄下沉图,箭头所指处为卵黄下沉位置;
右图为光照下未受精龟卵卵黄图,箭头所指处为卵黄悬浮位置)

6. 胚胎发育过程与分期

（1）第 1 期（孵化 1～3 天） 龟胚中央部分,肉眼可见外表清亮和半透明的明区。

（2）第 2 期[孵化 4 天,图 3-14(A)] 卵黄表面出现一些红色小颗粒,是血管丛的初始结构。

（3）第 3 期[孵化 5 天,图 3-14(B)] 卵黄囊血管丛发生,出现一个半径 0.8 厘米左右的圆环血丝,中间的胚体清晰可见,为脊索中胚层管。心脏原基发生,开始出现轻微跳动。

(4) 第 4 期[孵化 6 天,图 3-14(C)] 血管丛变大,半径变为 1.5 厘米左右。胚体呈乳白色,胚体头部心跳端往外发散出两条较粗一点的血丝,形成一个闭合圆环。胚体四周往外发散出 25～30 根树枝状细线,连接圆环。中间胚体变粗,胚体内有一根比血管丛血丝粗的红色血管。胚体内部血管与外部血管之间联系密切。躯干一端出现心跳,另一端出现类似腿和尾巴的雏芽。心脏分化成心房和心室,呈囊状,大小与头相当。心脏搏动,每分钟约 79 次。

(5) 第 5 期[孵化 7 天,图 3-14(D)] 血管丛继续变大。躯体变成"L"形。可见胚体头部明显变大,同时出现眼原基。四肢雏形出现,尾尖变细。心跳次数略微加快,每分钟约 85 次。卵黄囊血管分支变多,血液流动更加频繁,胚胎内部血管与外部血管联系密切。

(6) 第 6 期[孵化 8 天,图 3-14(E)] 卵黄囊血管丛扩大至半径 2 厘米左右。血液循环加剧。躯体变大,背部膨胀出现弯曲,肢芽微突,尾芽增加。后肠出现。心脏突出于腹外,心跳次数加快,每分钟约100次。

(7) 第7期[孵化9天,图3-14(F)] 卵黄囊血管丛扩大明显,分支越来越多,越来越细。尾部体节形成。眼有少量色素沉积。后肠突出形成尿囊原基。心跳次数加快,每分钟约110次。

(8) 第8期[孵化10天,图3-14(G)] 胚胎上方出现一透明膜状物质,类似羊膜与尿囊,但并没有将胚胎包被起来。咽鳃裂出现。枕骨高于额突。枝芽略伸长。

(9) 第9期[孵化11天,图3-14(H)] 羊膜变大,逐渐开始将胚胎包被起来。尿囊肉眼可见,位于尾端,凸于胚体上方。胚胎周边血丝略微变粗变明显。视网膜有色素沉积但不是完全的黑色,呈浅灰色,瞳孔呈白色。枕骨稍稍突起。前肢突出,朝向尾部的方向。

(10) 第10期[孵化12天,图3-15(A)] 尿囊变大,内有血丝,似蚕豆状,靠近胚胎。眼点色素增加。羊膜变大,覆盖胚胎。开灯观察时胚胎会自我抽动一两下,对光源敏感。胚体和四肢增厚且伸长。

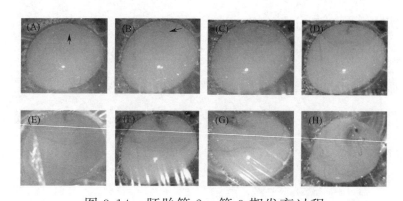

图 3-14 胚胎第 2～第 9 期发育过程

(A) 孵化 4 天；(B) 孵化 5 天；(C) 孵化 6 天；(D) 孵化 7 天；(E) 孵化 8 天；
(F) 孵化 9 天；(G) 孵化 10 天；(H) 孵化 11 天。箭头指示处为血管丛

(11) 第 11 期[孵化 13～15 天,图 3-15(B)] 胚体变大,头部变大明显,占躯体约 1/3。四肢呈桨状。胚胎周围几根血丝变粗。

尾变细长,歪曲后尖端能接触到尾巴基部。头尾朝同一方向弯曲,呈"C"状。尿囊增大,呈气囊状,血管密布。眼点色素增加。羊膜腔扩大。胚体包被在羊膜内,胚体卵黄囊血管丛扩大,直径变为 2.5 厘米,该区域毛细血管丰富,血液循环加剧。胚体透明,四肢增大。出现咽缝。心脏完全缩于体内,心跳次数不易统计。

(12) 第 12 期[孵化 16 天,图 3-15(C)] 卵黄

囊血管丛血丝变粗变长。光照观察时会四肢抽动，对光源敏感。背部侧面出现模糊的褶皱，同时背甲雏形开始出现。尿囊增大，呈袋状。指板增大呈乒乓球状。枕骨突起与头部前段平齐，咽缝消失。泄殖突出现突起。

（13）第13期［孵化17～18天,图3-15（D）］喙开始形成，指板变得更加圆，并有褶皱出现。胚体变得厚实，胚体头部增大明显，占躯体比例大于1/3。背甲雏形线条逐渐明显。背甲侧面出现褶痕。四肢开始出现爪子的分化，即指脊。心跳速率不变。胚体颜色呈半透明。背甲变宽加厚。背甲雏形线条更加明显，背甲侧面褶皱更加明显。泄殖突突起异常明显。

（14）第14期［孵化19～20天,图3-15（E）］指与掌分化明显，指变长，尾部出现部分色素沉淀。

（15）第15期［孵化21～24天,图3-15（F）］背部色素变多，手指突出指板的距离大于它的厚度。背甲中线有一突出的龙骨突。背甲、脊柱、胸甲的鳞甲都清晰可见，背部出现模糊方块。吻端破壳齿明显，呈雪白色。

（16）第16期［孵化25～27天，图3-15(G)］尾部着色加深，出现黑色。鳞甲边缘有色素沉着。第2～4手指长度是厚度的两倍。蹼与手指之间有轻微界限。背部开始出现模糊的方块，显微镜下可见手掌出现横向褶痕。

（17）第17期［孵化28～30天，图3-15(H)］ 四肢爪变细，指甲变长，指与蹼之间有凹槽，指与第十六期明显不同，前端指骨变细。头部、背部、尾部色素颜色加深，尾巴出现鳞的轮廓并轻微着色。背部有清晰的方块形纹路。肱盾、胸盾、股盾开始出现色素沉着，呈淡灰色。

（18）第18期［孵化31～32天，图3-16(A)］胚体大小约占卵黄的1/2。爪子前段有模糊的白色趾骨，头部、四肢、肱盾、胸盾、股盾、甲桥色素沉着加深，呈灰黑色。眼睑能闭合。

（19）第19期［孵化33天～出壳，图3-16(B)～图3-16(D)］ 胚胎整体形态与出壳后无异，颜色纹路清晰。胚胎大小与卵黄相同，卵黄被吸收后逐渐变小。四肢、尾巴表面鳞片纹路清晰，整个尾巴都有颜色。头部、腹中盾、胸盾、肱盾、

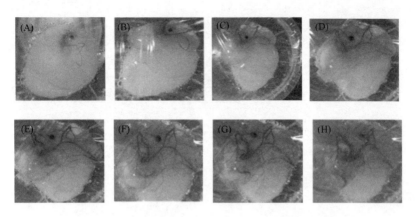

图 3-15　胚胎第 10～第 17 期发育过程

(A) 孵化 12 天；(B) 孵化 13～15 天；(C) 孵化 16 天；

(D) 孵化 17～18 天；(E) 孵化 19～20 天；

(F) 孵化 21～24 天；(G) 孵化 25～27 天；(H) 孵化 28～30 天

甲桥、四肢、尾巴色素大量堆积呈黑色。尿囊中可见淡黄色废液。

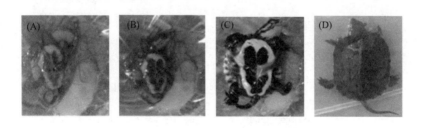

图 3-16　胚胎第 18、第 19 期发育过程

(A) 孵化 31～32 天；(B) 孵化 33 天；(C) 孵化 47 天；(D) 出壳后

第三节

中华花龟

中华花龟（*Mauremys sinensis*）隶属于龟科、拟水龟属动物，俗称六线草、珍珠龟等。分布于中国和越南。在中国主要分布于福建、台湾、广东、广西、海南等省区。中华花龟是一种高级滋补品和贵重药材，其肉富含蛋白质、维生素，营养丰富，味道鲜美。中华花龟蛋水分含量高，口感嫩滑；粗蛋白含量高、粗脂肪含量低，呈味氨基酸含量高，口感鲜美；蛋黄中不饱和脂肪酸含量高，胆固醇含量低。龟肠和龟胃中富含钠、钾和磷等多种常量元素，尤其是钾和磷含量较高。钾广泛分布于机体的各个组织中，与骨骼肌活动、神经传导、心肌活动等生命活动关系密切，是体内核酸、许多辅酶和细胞膜的重要组成部分。丰富的钾和磷含量赋予了龟肠和龟胃较高的营养价值。花龟药用价值高，甲壳加工成龟板，具有滋阴降火、补心养肾、强筋壮骨等功效。龟板含有丰富的氨基酸，其总量达到27.86%，特别是含有人体必需的几种氨基酸。此外，龟板还含有很多人体必需的常、微量元素，其许多药用效果与其含有的这些营养成分有关。商品中华花龟出肉率可达85%，肉质细腻，无异味，是高蛋白、低脂肪、低胆固醇、低热量的高级食品和名贵佳肴，在世界范围市场极为畅销，深受广大消费者的欢迎。

一、形态特征

中华花龟头部较小，头顶光滑无鳞，颈部亦然。吻呈锥状，突出于喙端，中央部有凹陷，上喙具细小锯齿，这是偏食植物的结果。背甲深褐色，呈长圆形，略拱，具三棱，脊棱明显，常常沿着棱突长有不甚明显略带红色的斑块，后缘无锯齿状。腹甲淡黄色，每一甲片具有墨渍状斑块，前缘平直，后缘凹入。甲桥明显。四肢扁圆，前缘有横列的大鳞，指、趾满蹼，前肢5爪，后肢4爪。尾长，渐尖细。头、颈及四肢暴露的皮肤上都相互平行长着亮绿色和黑色的细条纹。中华花龟幼体缘盾的腹面具黑色斑点，似一粒粒珍珠，故又名珍珠龟[12]（图3-17）。

图3-17　中华花龟（洪孝友 摄）

二、生活习性

中华花龟属亚热带地区水栖龟类，幼体嗜水性强，成体可阶段性地离水生活，趋向于半水栖性，有上岸晒背的习性，气温25℃以上、风和日丽、阳光明媚时，中华花龟喜爬上露台或岸边晒背。

中华花龟是变温动物，每年11月至翌年3月份为冬眠期，4月份开始活动，高温季节，白天很少活动。当水温低于20℃时，基本不吃食，24℃时才开始吃食，6～10月份为旺食期，其中7～9月份最旺盛，11月份气温下降，吃食渐减，直到停食进入冬眠。花龟一般在傍晚至翌日早晨吃食，动物性饲料（小鱼、虾、螺、蚯蚓等）和植物性饲料（玉米、地瓜、南瓜和各种水草、蔬菜等）均能采食，也可投喂专用全价配合饲料。

三、繁殖习性

中华花龟于每年春天交配产卵，2～6月份为产卵期，年产卵1～3批，5～20枚/窝，卵较大，长椭圆形，壳白色，厚且坚硬。卵长径29.6～47.0毫米，短径19.4～27.5毫米，重6.2～10.0

克。龟卵的人工孵化：把卵放在孵化基质中，定期淋水保持沙湿润，孵化温度一般在28～33℃之间，63天左右幼龟就破壳而出。中华花龟雌雄个体差异较大，雄龟个体小于雌龟，雄龟通常在380～1000克之间，雌龟个体可达4500克左右。雄龟背甲超过10厘米已有性特征，雌龟尾细且短，肛孔距腹甲后缘近；雄龟尾粗且长，肛孔距腹甲后缘远。人工养殖状况下，3年左右成熟，随着年龄增大，产卵量逐年增多，受精率增高[12]。

四、人工繁育技术

1. 亲龟选择

亲龟宜选用野生或人工选育的非近亲交配、已性成熟的成龟，形态应符合各自所属种的分类特征，要求活泼健壮，体形完整、无病残、无畸形，体色正常、体表光亮，皮肤无角质盾片脱落，颈脖伸缩自如。野生的5冬龄以上，人工培育的4

冬龄以上，体重应在各自所属种的正常生长范围内。

2. 亲龟培育

（1）亲龟池条件

① 水泥池结构。面积以 80～100 平方米为宜，龟池底坡度约 25°，分三部分，下部为水深 30 厘米左右的蓄水池，中部为喂饵及活动场，上部为铺放粒径 0.5～0.6 毫米、厚度 30～40 厘米细沙的产卵场。龟池四周设 50 厘米高的防逃墙。有进排水系统，进排水口设防逃栏栅。产卵场上有顶遮阳、挡雨。水池中放水浮莲，约占池面的 1/4～1/3。活动场上可种植部分花草植物。种龟池上拉一遮阳布，营造阴凉、安静的环境。

② 土池结构。面积以 1000～2668 平方米、池深 1.8 米、水深 1.2～1.5 米为宜。坡比 1∶3，坡岸四周留 1～2 米宽的空地供亲龟活动，四周设 50 厘米高的防逃墙。池内每千平方米设亲龟晒背台 4～5 个，每个 5～8 平方米；设饲料台若干个，

饲料台与水面呈15°～30°倾斜，上半部高出水面20厘米。池中种植水草，面积占总水面的20%～25%。在池边设产卵场，产卵场高出池水面50厘米，一般宽1～2米、长为池边长的1/3～1/2，内铺放粒径0.5～0.6毫米、厚度30～40厘米的细沙，上有顶遮阳、挡雨。

（2）龟池、亲龟消毒 亲龟进池前要进行全面清池，杀灭池中存在的各种病原体，用漂白粉（浓度20毫克/升）或生石灰（150千克/亩）。

（3）饲养及管理 亲龟放养密度以2～3只/平方米为宜。雌、雄龟的放养比例以（2∶1）～（3∶1）为宜。

① 饲料种类。亲龟的饲料包括动物性饲料、植物性饲料和专用配合饲料。如鲜活的鱼、虾、螺、蚌、蚯蚓、畜禽内脏及南瓜、西瓜皮、青菜、胡萝卜等。

② 饲料质量。动物性饲料和配合饲料要求不变质、无污染；植物性饲料要求新鲜、无药物残留；配合饲料安全限量应符合NY5072的规定；粗蛋白含量不低于42%，脂肪含量3%～5%。

③ 投喂方法。投喂的饲料应适口。动物性饲料和植物性饲料比例一般为(7:3)~(8:2),产卵前应适量增加动物性饲料的投喂比例。动物性饲料日投量为亲龟体重的5%~10%,配合饲料为1%~3%,具体投喂量根据水温、天气情况和亲龟的摄食强度及时进行调整,控制在2小时内吃完为宜。水温15℃时,开始投饵诱食,每隔3天用新鲜优质饵料诱食一次;水温18~20℃时,2天投喂1次;水温20~25℃时,每天上午10时左右投喂1次;水温25℃以上,每天上午9时前和下午4时后各投喂1次。饲料投在饲料台上高出水面2~3厘米处。

④ 管理

a. 水质管理。以换水或加水的方式调节水质,并定期全池泼洒微生态制剂改善水质。夏季高温时视水质、水温情况,适量加注新水。

b. 日常管理。每天早晚巡池2次,观察亲龟摄食、活动情况和水质变化情况;检查进排水及防逃设施,及时清除残饵、污物,保持龟池清洁;每天定时测量水温、pH值等水环境因子,做好养殖记录。

c. 越冬管理。做好防寒防冻工作。翌年水温上升到15℃时，应及时投饲引食，恢复亲龟体力。

3. 繁殖

中华花龟产卵季节多为4月至8月底。产卵前，将产卵场的沙土翻松并消毒，疏通排水渠道，适量洒水保持沙土手捏成团、松手即散为宜。

采卵时间以上午6～8时或下午4～6时为宜，避免阳光曝晒及雨水淋洒。每天先检查产卵场，发现产卵痕迹时用竹签做好标记，48小时后待受精卵能分辨出动、植物极时再收集。收卵时动作要轻，避免大的振动或摇晃。受精卵在卵壳中部有一明显的乳白色斑，未受精卵则没有。收卵时，先准备好放置了2.5厘米以上厚度、含水分7%～10%细沙的塑料盆，将卵埋入沙中。

以泡沫箱、木箱或塑料箱作孵化器进行人工孵化，孵化器规格一般为70厘米×50厘米×25

厘米。孵化房内安装控温仪等配套设备。孵化器底部铺孵化介质3~5厘米，将受精卵平放，卵间距为0.3~0.5厘米，卵上面再铺孵化介质2~3厘米。控制孵化温度在28~33℃之间。及时清除坏卵，防止蛇、鼠、蚂蚁等危害；做好每日的孵化管理记录；临近孵化出苗时，疏松表层孵化介质，为出苗做准备。

4. 稚龟暂养

稚龟出壳后，不应立即取出。让龟在孵化箱内1~2天后，将腹部肚脐完全收好后放于盆中暂养。水位0.5~1.0厘米。肚脐未完全收好的继续留在孵化箱中静养。开食后移入幼龟池，水位10~50厘米。放养密度为3000只/亩。放养时龟苗应放养在池塘岸边，使其自己爬入水中，避免出现溺水现象。

5. 幼龟培育

将经消毒的幼龟用箱、盆等容器运至龟池水边，倾斜容器口，让幼龟自行游入龟池，放养时暂养盆内与龟池内的水温温差小于 $2℃$，同一龟池放养的幼龟要求规格整齐。放养密度 70～100 只/平方米为宜。使用专用全价配合饲料，质量应符合 NY5072 的要求，蛋白质含量以 42% 左右为宜。日投饵率 2%～5%，每次所投的量在 1 小时内吃完为宜。每次投喂两次，上午、下午各投喂一次，定时、定质、定位、定量投喂。

幼龟宜控温养殖，水温控制在 30～32℃。幼龟放养时，池边水深宜控制在 1～2 厘米，随着花龟个体的长大逐步提高水位，幼龟期水位 20～60 厘米为宜。养殖过程中，及时清除粪便、残饵，使用物理、化学、生物等措施调节水质。

日常管理中，每天早晚各巡池一次，观察幼龟摄食、活动和水质变化等情况，定期换水或视池水水质情况换水，每月用 10 毫克/升漂白粉溶液全池泼洒消毒一次。及时隔离病龟并诊断治疗，经常检查进排水口及防逃设施，及时清除残饵及排泄物。每天定时测量水温、pH 等水质因子，做好养殖记录。

第四节

大鳄龟

大鳄龟（Macroclemys temminckii）又名鳄甲龟，属于爬行纲（Reptilia）、龟鳖目（Testudoformes）、鳄龟科（Chelydridae）、大鳄龟属（Macroclemys）。大鳄龟产于密西西比河流域。大鳄龟体大，外观奇特，由于过度捕捉和贩卖，野生大鳄龟正濒临灭绝。世界野生生物联盟报告显示：在濒于绝种的世界珍稀生物排名中，大鳄龟名列第六位。北美野生大鳄龟早已成为世界濒危野生动物保护红皮书名录中的重要成员之一。我国1997年从美国引进养殖。中国农学会员、浙江省海宁市蒋张林等率先引进养殖成功[13]。

一、形态特征

大鳄龟是最富观赏性的龟种之一,它保持了原始龟的特性:吻突出,头呈三角形,头颈部长有肉刺,头不能缩入甲壳内,其眼小而有神;最为奇特的是大鳄龟的背甲盾片和小鳄龟不同,突起很高,顶部尖锐;十三块盾片似十三座连绵起伏的山峦,呈整齐的三行排列,并且在两侧缘盾周围有上缘甲板;大鳄龟的舌为血红丝状肉质舌,平时大鳄龟潜伏于水中,张开嘴,抖动红舌,引诱水中的鱼、虾等动物游入嘴中后迅速闭合吞食;大鳄龟的上下颚很锋利,呈明显的镰刀状,捕食、自卫时较凶猛;成年大鳄龟背甲长度可达40~66厘米,一般体重45~70千克,大的可超过100千克;大鳄龟腹甲薄而小,四肢粗壮,具有很高的出肉率,可达80%以上,最高的90%,且肉味鲜美,营养极为丰富[14](图3-18)。

图 3-18 大鳄龟（洪孝友 摄）

二、生活习性

大鳄龟生活在河流、沟渠、湖泊、池塘、沼泽等处。鳄龟生命力很强，在 3～45℃水温中均能生活，20～30℃生命活动最活跃，28～31℃生长最快，15℃以下冬眠，1℃以上可安全越冬。大鳄龟喜弱光、畏强光，喜静怕惊扰，喜温惧寒，多群聚。食性较杂，捕食本领出众。它在水中缓慢游动时，常去猎取鱼类、水鸟、水蛇、螺、蚌、蠕虫和其他水生龟类等。在人工养殖条件下，除摄食水中动物外，蚕蛹、黄粉虫、各种畜禽内脏、下脚料及膨化饲料等也都喜食。大鳄龟离水后攻击性强，若有人或其他动物接近，则张嘴翘臀，嘴中发出"嘶嘶"声以威胁对方。与其接触时要注意安全。抓捕时应从其后方接近，抓住其身体两侧或其背甲前后端[15]。

三、繁殖习性

大鳄龟4龄后开始性成熟。巢一般位于水边至少4.6米以外的地方，避免泛滥及水浸。一般在2~5月交配，产卵时间为每年的4~9月，每年可产卵1~3次。每次产卵量依龟的大小不同而有很大差异，一般30~120枚。卵呈球形，白色，直径30~51毫米，具坚硬圆滑的蛋壳。在母龟产卵期间，随时收集新鲜卵进行人工孵化。孵化箱要用木制，一般高30厘米。孵化时在箱底铺上手能捏成团的细沙约20厘米，再把卵挨个埋入3厘米深的细沙中，上盖湿毛巾，每天洒水2~3次，保持相对湿度80%，温度25～30℃，孵化时间一般要2～3个月。刚孵化出来的幼龟约4.3厘米，尾巴比身体要长。幼龟的性别会视龟卵孵化时的温度来决定，孵化温度在30℃以上和20℃以下时出雌龟，22～28℃时出雄龟。幼龟的生长速度十分惊人，一年便可长到2千克。

四、人工繁育技术

1. 亲龟选择和培育

亲龟一般选择野生原种或具养殖资质的养殖场培育的亲龟，要求健康、躯体完整、体表无病灶、无伤残、无畸形、体色正常、体表光亮，皮肤无角质盾片脱落，颈脖伸缩自如。以个体大、肥满度适中者为佳。野生种年龄要求5年以上，规格2.5千克以上，最好4～5千克。人工养殖种要求4龄以上、规格在6千克以上的健康龟做种龟。雌雄比为4∶1。雄龟应略大于雌龟。由于亲龟个体大，离水后攻击性强，所以运输时最好单独包装，最好用带孔的编织袋，每袋装 1 只龟，再将袋放入竹箱或各面均有透气孔的木箱中，每箱装 2 只。短距离可用汽车、轮船等运输，距离较远应空运，尽量缩短运输时间。放养亲龟运到目的地后，先将龟取出，放入一竹筐中用清水冲洗，洗去其体表污物。再放入清水中浸泡 5～10 分钟，让其饮水以补充运输途中的水分损失。然后放入 10～20 毫升/升 $KMnO_4$ 溶液中浸泡 10～20 分钟，也可用抗生素溶液或 5% 食盐溶液浸泡 10～20 分钟，以杀灭龟体表的细菌、病毒和寄生虫。也可用抗生素溶液或 5% 食盐溶液浸泡 10～20 分钟。消毒后的龟放入池中饲养。亲龟的放养密度为每平方米不超过 15 千克。

龟池的面积宜在几平方米至 20 平方米，池高 50～70 厘米，培育幼龟的宜小些、矮些，培育成龟的宜大且高些。池形以椭圆形为好，方形、长方形的池角、底角线均需抹光滑无毛疵，在池角上缘需加盖防逃盖板。池底应向排水口方向有 3%～4% 的倾斜度，排水口设在池底最低处并加设防逃网。池水中应每隔 50 厘米左右吊装一列

"吊网",吊网间距30～40厘米,吊网材料为网目0.5～1.5厘米的聚乙烯网片。需设有防逃结构装置。所有进水、排水、加热、供水等管道、闸阀均须安全可靠,便于操作管理。如进水口在池水中,其口需加设防逃网,防止龟钻入管道内。

可投喂专用膨化配合饲料,投饵量约为亲龟体重的2%,上午、下午各投喂一次,将饲料投放在食台附近的平台或水面,不要让龟聚集在狭小的同一地方取食,以免龟之间互相摩擦、撕咬。投喂饲料后,要及时换水。平时要保持水质清新。

2. 稚龟暂养

刚出壳的稚龟,体重一般在5～10克,卵黄囊未完全吸收。此时稚龟的摄食能力差,可将其放入垫有湿布的盆中暂养,不投饲。待其卵黄囊吸收完后转入浅水盆或浅水池中饲养。刚入水的稚龟不善游泳,所以盆或池中的水不能太深,以刚淹没龟背为宜,以后随着龟的生长逐渐加深水位。一般先用碎瘦肉投喂,1周后可用鱼浆投喂,也可投喂配合饲料。饲料必须新鲜,一般现配现用，不宜在冰箱保存。投喂饲料1小时后，要换上新水。每隔3天消毒一次，可用10毫克/升的高锰酸钾溶液浸泡10分钟。

3. 幼龟培育

为了获得较高的养殖效益，幼龟养殖应采取加温养殖的方式，维持最佳养龟水温在27～30℃。为提高温室利用率，可把龟池建为2～3层的多层龟池。无论是单层还是多层龟池的上缘，均需有防逃结构（装置），所有进水、排水、加热、供水等管道、闸阀均须安全可靠，便于操作管理。如进水口在池水中，其口需加设防逃网，防止龟钻入管道内。

放养前要对龟池彻底消毒后方可使用。幼龟消毒可选用800克/立方米水体的"龟体宝"或20克/立方米水体的"苗种浸泡剂"分别药浴30分钟、5～8分钟。也可用1%的食盐水浸浴5～8分钟。幼龟放养依养殖条件而定，一般可按70～80只/平方米放养，如果条件好的可按170只/平方米放养，放养幼龟的池水不宜过深，应在6～8厘米。为了促进生长和提高成活率，同池放养的规格应当相近，不可大小规格同时放养在一个池子里。

投喂专用全价配合饲料，每日总投饵量约为全部幼龟总重的 1.5%～2%，投喂鲜活饵料则应增加到 5%～10%。上午、下午各 1 次，做到定时、定点、定质、定量。此外，投喂应根据水温、龟的吃食状况等及时调整。坚持每天早晚巡查，认真观察龟的动态、吃食、排粪；测量气、水温度，检查供水供热系统运转状况，定期更换温室门外的消毒水，提高防疫效果。观测温室湿度，通过通风排气等方式，维持相对湿度 70%～80%。

4. 人工孵化

在繁殖季节，龟多在夜间或黎明产卵。采卵时间以上午 6～7 时或下午 5～6 时为宜，避免阳光暴晒和雨水淋洒。每天先检查产卵场，发现产卵痕迹时用竹签做好标记，24 小时后就可以收集。收卵动作要轻，避免大的振动或摇晃。

受精卵在卵壳中部有一明显的乳白色斑,未受精卵则没有。收卵时,先准备好放置了2.5厘米以上厚度、含水分5%～10%细沙的塑料盆,将卵埋入沙中。

孵化受精卵时,可采用沙或蛭石等。在孵化期间,要保持适宜的湿度,及时清除坏卵,防止蛇、鼠、蚂蚁等危害;做好每日的孵化管理记录;临近孵化出苗时,疏松表层孵化介质,为出苗做准备。温度保持在25～32℃,一般经60～90天稚龟即可出壳。

第五节 拟鳄龟

拟鳄龟（*Chelydra serpentina*）俗称小鳄龟、平背鳄龟,隶属于鳄龟科（Chelydridae）、拟鳄龟属（*Chelydra*）。原产于北美洲和中美洲,生活在温带、亚热带地区。中国于1997年引进试养，由于其具有生长快、产卵量大、出肉率高、饲养简单、病害少等特点，在我国发展迅猛。目前，我国养殖的拟鳄龟品种主要分为北美拟鳄龟、中美拟鳄龟、南美拟鳄龟和佛州拟鳄龟4个亚种。拟鳄龟主要栖息在沼泽、池塘、湖、流速缓慢的河流，以其体壮多肉而闻名于世，具有出肉率高、生长速度快、经济价值和营养价值高等特点。

一、形态特征

拟鳄龟头伸出体外，不能缩入甲壳内，上下颌略尖，眼圆。尾长而尖，尾两侧有肉突，尾背前2/3处有一条鳞皮状隆起，呈锯齿状，皮呈褐色。被壳薄而坚，边缘有许多齿状突起，腹甲小，腹部淡黄色或浅褐色。前后爪较长，趾间具蹼，四肢较长且发达粗壮。背部由13～15枚背甲组成，有3条模糊棱（图3-19）。

图 3-19 拟鳄龟(洪孝友 摄)

二、生活习性

拟鳄龟是典型的水栖龟类。生活于各种淡水水体中,也可生活于含盐较低的咸水中。多伏于水中泥沙、灌木或杂草丛中。若在水中漂浮,常将眼和鼻孔伸出水面以观察周围动静、呼吸,整个身体就像一截漂在水中的烂木头。鳄龟在夜间经常到陆地上活动、觅食。它的腹甲仅是背甲的一半多点儿,这种结构有利于四肢活动,加上它四肢粗长,爬动时能将身体撑起,跨步距离大,因而其爬行速度很快。小鳄龟性情较凶猛，能主动捕食游近的小动物，有时还会伤人。

拟鳄龟对温度的适应性较强，其生存温度是1~45℃，18℃以上正常活动、觅食，在28~31℃生长最快。15℃以下冬眠，10℃以下深度冬眠[16]。

拟鳄龟人工饲养较简单，生命力很强，生长快，饲料是猪、牛肺和肝脏，小鱼虾，蚌贝类，蚯蚓，昆虫，蚕蛹和动物的下脚料，还可投喂人工配合饲料[17]。

三、繁殖习性

拟鳄龟的繁殖是在每年4~9月份。雄龟体较大，有较长的尾，其长度是腹甲长度的86%，尾基部较粗，且泄殖腔孔位于尾部第一硬棘之外；雌龟尾短，龟尾的长度少于腹甲长度的86%，尾基部较细，泄殖腔孔位于尾部第一硬棘之内或与尾部第一硬棘平齐。拟鳄龟繁殖时，雄龟经常爬到雌龟背上，起初雌龟爬动，雄龟滑落后，又紧追爬上，如此多次，直至雌龟停止爬动，雄龟后腿蹬地，前爪钩住雌龟的背甲。交尾过程中，雄龟头颈伸直且左右晃动，有时两龟的鼻孔相对。

拟鳄龟除冬眠期外，全年都有交配，5～10月为交配旺季，在我国长江中下游地区产卵期为5～8月，高温地区可提前和延长产卵时间，4～6月为产卵高峰期。此时，雌龟爬上岸边，寻找开阔的陆地，一般离水边200米左右，用爪挖产卵坑，坑为1洞穴，洞口大，洞底小，往下延伸有一定的弯度，洞深10～13厘米，洞口大小因龟体形不同而异。一般每次产卵15～40枚，一年可多次产卵。卵白色，圆球形，外表略粗糙，直径23～33毫米，重7～15克，经55～125天孵化，稚龟出壳。孵化环境与后代性别有密切关系。如孵化温度在30℃以上、20℃以下时，稚龟为雌性；当孵化温度在22～28℃时，稚龟为雄性。稚龟重9.5～12克，背甲长24～31毫米，背甲略呈圆形，黑色，每块盾片上有突起物，背甲后缘呈锯齿状[18]。

四、人工繁育技术

1. 龟池的选择

鳄龟属水栖龟类，对水的依赖性较强。龟池最好是面积较大的土池或水泥池。

新建龟场应选在水源良好、排泄方便、环境安静和交通便利的地方。龟池主体包括龟池本身、食台、陆地、进排水系统、溢水口等，其中陆地主要为龟休息的场所。亲龟池陆地部分用来建造产卵场。龟池为砖砌水泥结构，池内面用水泥浆抹光，以防龟的皮肤被擦伤。一般为东西长、南北宽的长方形，也可建成圆形。大小因地制宜，池深 $1.0\sim1.5$ 米，可控制水位 $0.8\sim1.2$ 米。池塘四周修建高度不低于 40 厘米的防逃墙，弧形转角。长方形池底设置成高低倾斜坡，圆形池底设置成锅底形，便于排污。

食台 1/3 入水，2/3 露出水面，与水面呈 30°倾斜。食台设置在龟池的北边朝南向比较合理，食台的宽度为 2 米左右，长度为池边长度的 80%。产卵场宽 2~3 米，长与食台一致，场内填 20~30 厘米深的细沙。产卵场上方搭防雨棚，有利于龟在下雨天产卵。

进排水管直径至少 10 厘米，以便加快进排水速度，同时有利于排净污水。要注意排水口须设在食台下面或附近，因为龟摄食后喜欢在食台附近排泄，造成食台附近的污物最多。溢水口设置在龟池墙壁上方最高水位处，便于排出有机悬浮物及暴雨季节泄洪。

龟池建成后要反复用清水浸泡至少 1 周时间，去除碱性，再后用 150 毫克/千克生石灰消毒，换新水后才可放养。

2. 亲龟选择及培育

亲龟如为野生原种，要求 5 龄以上、体重 3.5 千克以上。如果用人工养殖的拟鳄龟制种，必须选择 4 龄以上、6 千克以上的健康龟做种龟。性成熟的雌性亲龟怀卵状况是否良好可通过眼观、手摸、光透等方法检查，雄性亲龟活泼好动。无论是雌龟还是雄龟都要行动敏捷，轻触其头部，小鳄龟应立即张开嘴巴，发出呼吒声，露出凶猛本性。手拉亲龟的腿脚，回缩有力的表明体质较好。仔细观察龟的头颈是否灵活自如，检查脖子是否肿大，张开嘴看喉内是否有鱼钩，并可用金属探测仪检查龟体内部是否带有鱼钩。雌雄比例依龟的大小而定，以野生龟为例，一般规格小的（2.5千克左右）亲龟以2∶1为准，中等大小的（4千克左右）亲龟以3∶1为宜，5千克以上亲龟完全可按4∶1的比例。

放养亲龟前7天，养殖池用60～80千克/亩的生石灰全池泼撒，后加入新水备用。龟种购进时用泡沫箱装运，箱内用湿润海绵或水草铺垫，全程恒温运输。放养前，拟鳄龟用1%的聚维酮碘溶液浸浴10～15分钟，药液刚好浸过龟背。放养密度以0.5～1只/平方米为宜。

亲龟投喂选用专用配合饲料，日投喂量为亲龟体重的4%～7%。鲜活饲料日投喂量为龟总重的5%～10%。每天投喂2次，分别于8∶00～9∶00、17∶00～18∶00进行，上午投喂日量的

40%，下午投喂60%；低温季节，每天投喂1次，于12:00～14:00进行。根据龟的摄食情况灵活掌握，以投喂后一小时内吃完为宜，吃不完的饲料及时清除。

3. 稚龟暂养

稚龟孵出后的1～2周内属于暂养期，刚孵出的稚龟卵黄囊约2天后逐渐吸收完毕，肚脐收好的稚龟移入温室培育，肚脐未收好的稚龟继续置于孵化箱内，待肚脐完全收好后再放入温室培育。不同规格的稚龟分开放养，同池的稚龟应规格一致，体重相差不宜超过2克。暂养容器可用塑料盆，密度为每平方米100只左右。注意水不能太深，宜2～3厘米，以盖没龟背为限，过深的水位可能因稚龟刚出壳游泳能力不强，容易造成淹死。因水位浅，水质容易变坏，要勤换水，如容器小，每天换水1～2次，如果在较大的专用池暂养，一般每48小时换水1次。

4. 幼龟培育

幼龟采用控温养殖，维持水温在28～31℃。放养前，培育池可用150千克/亩的生石灰兑水化浆后趁热泼洒，然后填补一些新泥沙，再注入新水，7～10天后药效消失即可放养幼龟。初期放养密度为70～80只/平方米。体重50～100克的幼龟，放养密度为30～40只/平方米；体重100～150克的幼龟，放养密度为10～20只/平方米。开始时，水位控制在5～6厘米，随着幼龟的不断生长，水位逐步加深，以幼龟头部能露出水面为准。幼龟开口饵料可用鱼肉、猪肝、龟用颗粒料或自配饲料等，投喂量占体重的1%～3%，每天投喂两次，上午7点至8点投喂一次，投喂量为全天投喂量的1/3，下午5点至6点投喂1次，投喂量占全天投喂量的2/3，每次投喂2小时后将剩饵清除。经过2个月养殖，个体大小出现分化，此时，进行适当调整，把大小相差不大的个体调整到同一池中饲养，保持规格一致。

5. 龟卵收集及人工孵化

进入产卵场收卵时先观察细沙是否被翻动，是否湿润，是否有龟爪痕迹，然后在有痕迹的地方查看。新采的龟卵要在孵化箱中做好记号并另有记载。采集箱可直接用孵化箱，在箱中预先铺孵化介质，厚度5厘米左右，将龟卵轻取轻放，具白色受精斑的一端即动物极朝上。动物极与植物极分界明显为正常受精卵，如分界不明晰，且受精斑呈点状分布，此卵为受精不足。看不到受精斑点的为未受精卵。卵间距保持2厘米左右，上面铺3～5厘米厚的孵化介质。

孵化温度的高低直接影响拟鳄龟性别和孵化周期的长短，孵化温度可保持在28～32℃，60～80天可孵出稚龟。孵化温度为22～28℃时，孵化的拟鳄龟多为雄性；高于30℃或低于20℃时，多为雌性[19]。孵化湿度包括绝对湿度和相对湿度，绝对湿度指孵化介质中含水量，要求6%～10%，以手捏成团、放开即散为宜。卵孵化室中空气的相对湿度控制在80%～85%。控制湿度的主要方法是采取人工不定期洒水。在孵化前期,洒水可以适当多一些,后期洒水尽量少些,保持一定的干燥,以防受精卵中的成形稚龟受到过多水的刺激而早产。

第六节 红耳龟

红耳龟(*Trachemys scripta elegans*),又叫巴西龟、红耳彩龟等,隶属于爬行纲(Reptilia)、龟鳖目(Testudoformes)、泽龟科(Emydidae)、彩龟属(*Trachemys*)。原产于美国密西西比河至墨西哥湾周围地区,为全世界最常见的爬行类宠物。其成体体型较大、性成熟年龄早、繁殖力强、生长速度快、食性杂,对食物和生存空间占有力强,对低温、污染和人为影响有较强的忍受能力。

一、形态特征

红耳龟是具有蹼足的水龟,头部两侧长有典型的红色条纹,有时头顶部还有红色斑点。红色条纹有时会断裂成2~3块斑点,颜色从橙色到深红,有不同的变化,也有些红耳龟没有这些红色条纹。吻钝头顶部两侧有2条红色粗条,眼部的角膜为黄绿色,中央有一黑点。四肢粗短,前肢5爪、后肢4爪,尾适中。典型的刚孵化的红耳龟有着迷人的绿色背甲和皮肤,甲壳上布满由黄绿色到墨绿色条纹所组成的图案。幼小个体的绿色底色,有时会夹杂着白色、黄色、红色的斑点。腹甲平坦、淡黄色,具有规则排列、似铜钱图案的黑色圆环纹(图 3-20)。

二、生活习性

红耳龟性情活泼,比其他龟类好动,对水声、振动反应灵敏。在河川、湖沼和湿地广泛生活,

图 3-20　红耳龟（陈辰　摄）

喜好日光浴，栖息在水面上的岩石和漂流的木材上，受惊时会迅速逃入水中。人工饲养下，喜栖于清澈水塘。中午风和日丽则喜趴在岸边晒壳，其余时间漂浮在水面休息或在水中游泳。杂食性，自然状态下以小型鱼类、两栖类、甲壳类、贝类、水草等为食，常喜食鱼、肉、螺、蚌及家禽内脏等，也食菜叶、米饭、瓜果等。摄食时间无选择性，昼夜均食。饥饿状况下有抢食行为，且发生大食小的现象。红耳龟的活动随环境温度的变化而变化，最适宜温度为 22～32℃。11℃以下冬眠，6℃以下深度冬眠。

三、繁殖习性

红耳龟的繁殖方式为卵生,繁殖期在每年的5～8月。雌龟每次可产3～19枚卵,卵呈椭圆形,长径在31毫米左右,短径在19毫米左右,重量在68克左右。雌雄个体在外表色彩上无显著差异,而在体重上相差很大。雌性体重1千克、雄性重0.25千克时性成熟。雌性体重可达1～2千克,腹甲平坦,泄殖腔孔在背甲后部边缘内;雄性体重不超过0.5千克。四肢的爪和尾较长,泄殖腔孔的位置在背甲后部边缘之外的尾部。

红耳龟的求偶在水中进行。当雄龟发现了雌龟,便开始追逐雌龟并嗅闻其泄殖腔,然后游到雌龟的正面面对它。当雌龟不动时,雄龟开始用它的前爪触摸雌龟的头侧,雌龟闭上眼睛。经过一段时间后,雄龟停止触摸,再游到雌龟后面并骑上其背,雌龟慢慢沉到水底。交配时雄龟降下它的尾部,经过雌龟背甲后缘与其尾部交缠,二者的泄殖腔口相对,然后雄龟缩回其头部和前肢直至二者的角度合适，为保持姿势有时雄龟会划动前肢。射精后尾部很快分开，雄龟伸展头部和四肢，然后迅速游到水面，整个交配时间可能长达15分钟。

四、人工繁育技术

1. 亲龟选择和培育

亲龟要选择非温棚养殖的成龟。雄龟体形小，四肢指爪长而尖，尾巴粗壮而长，泄殖孔位于腹甲外；雌龟体形大，四肢指爪短而粗，尾巴细短，泄殖孔位于腹甲内。规格要求为4龄以上，雄龟体重大于1千克，雌龟体重大于2千克。外观体形应符合龟的品种特征，完整无畸形、无损伤，双眼有神，头颈转动、伸缩自如，四肢、尾巴收缩有力，活动敏捷。

亲龟放养密度为1~2只/平方米，雌雄配比为3:1。红耳龟虽为杂食性水龟，但偏食动物性饵料，在人工饲养条件下以鱼、虾、螺蛳肉、蚌肉、蚯蚓、黄粉虫、昆虫等为主。适当搭配瓜果、蔬菜及混合饲料，以增加其体内营养物质。在春、秋季添加维生素 E 粉、抗生素，以提高龟的怀卵量和增强龟的体质。也可投喂专用全价人工配合饲料，要求蛋白含量达到 42%、脂肪含量 3%～5%。每天早、晚各 1 次，具体投喂次数根据天气、温度适当调节；日投喂量占龟总体重的 3%～5%，以投喂后 1 小时内吃完为宜。适时换水，保持水质清新，池水透明度在 25～30 厘米。换水时，温差不能大于 2℃。

2. 苗种培育

出壳后的稚龟在孵化箱中待卵黄囊吸收完毕后再放入塑料盆中，盆中的水以盖过稚龟的背为准。出壳后 3～4 天稚龟以体内的卵黄为营养渡过内营养期，开口饵料为红虫、摇蚊幼虫、鲢鱼肝脏等。每天投食、换水各 2 次，每个星期对塑料盆用 1% 的聚维酮碘消毒 1 次，防止发病。暂养 1 周后转入温室培育，幼龟放养密度为 30～50 只/平方米，使用红耳龟专用全价配合饲料，蛋白质含量以 42% 左右为宜、脂肪含量 4%～6% 为宜。每天投喂 2 次，上、下午各一次，日投喂量约为幼龟体重的2%～5%，每次投喂控制在1小时内吃完为宜。

3. 人工孵化

雌龟产完蛋后即可收集龟蛋。在产卵场收集龟蛋时可将龟蛋暂时放置到盛有经太阳暴晒、干燥的细沙子的塑料盆、箱或木箱中，龟蛋上再覆盖厚3～4厘米的孵化基质，收集到的龟蛋要及时送回孵化房进行孵化前的处理。静放3天后检查龟蛋受精情况，凡是在龟蛋中部出现白斑并以环状向两端扩散的，说明该龟蛋内胚胎发育正常，将受精蛋整齐排列在孵化箱的孵化介质上，受精蛋上方加盖厚3～4厘米的孵化介质。孵化箱贴上标签，注明龟蛋收集日期、时间、受精蛋数量、装箱经手人等信息资料。可采用自然温度或用控温设备控温孵化，温度控制在28～30℃，孵化历时70～80天。孵化房的湿度保持在80%～85%，孵化介质含水量保持在8%～10%，即以手抓不结块、松手时散开为宜。孵化过程中，发现孵化介质表面干燥发白时，即用喷雾器向表层孵化介质稍喷洒适量水。

4. 日常管理

每天早晚、喂料前后巡查亲龟池和孵化房,检查亲龟的活动、摄食、生长以及防敌害、防逃、防盗等情况;检查孵化介质温度、湿度;孵化期间孵化房要防止鼠、蛇、猫、蚂蚁等动物危害。

保持水位稳定,适时更换新水。水温28℃以上时每天换水1～2次,24～28℃时1～2天换水1次,每次换水量为10%～30%;24℃以下可少量换水。换水时水温差不能超过2℃。投喂完后及时清洗饵料台,清除水池中的污物、残饵。定期使用光合细菌等微生物制剂调节水质。夏季当气温超过30℃时,应采用遮阳、通风或加冰等降温措施,防止水温超过30℃。冬季当气温在15℃以下时,可让亲龟自然冬眠,但要保持水温在5℃以上。可利用加温设施保持水温28～30℃,进行投饲养殖。

繁殖生产全过程做好日常记录,记录内容包括气温、水温、投喂、亲龟培育、病害发生与用药治疗、产蛋、孵化、出苗等情况。记录档案应保存2年以上。

第四章 特色淡水龟养殖品种与养殖技术

第一节

三线闭壳龟

三线闭壳龟（*Cuoratrif asciata*）别名金钱龟、红边龟、红肚龟、断板龟等，隶属于爬行纲（Reptilia）、龟鳖目（Testudoformes）、龟科（Emydidae）、闭壳龟属（*Cuora*），是龟科中最为名贵的龟种之一，集药用、食用、观赏价值于一体。目前三线闭壳龟在中国属于极危等级

(据汪松《中国濒危动物红皮书》）的龟类，其野生资源已经濒临灭绝，在平原及丘陵地区已经绝迹。

一、形态特征

三线闭壳龟体呈椭圆形，前部窄于后部（雌龟尤为明显）（图4-1）。头细长，头背部黄色、光滑，颈部浅橘红色，吻较尖，鼓膜小而明显。背甲具3条明显的纵棱，其中脊棱最长、最明显，故得名"川"字龟；背腹甲间、胸盾与腹盾间均借韧带相连，龟壳可完全闭合。头、四肢和尾均可缩入壳中。四肢扁圆，前肢5爪，后肢4爪，指、趾间具蹼。尾短小尖细。背甲棕红色，腹甲黑色而边缘黄色，四肢及裸露的皮肤呈橘红色。

二、生活习性

自然界中的三线闭壳龟喜群居、穴居，栖息于向阳、安静、水净的山区溪流地带及草丛、湖

图 4-1 三线闭壳龟(邱倩婷 摄)

沼等处。人工饲养的三线闭壳龟白天活动较少,夜晚爬上岸或栖息于水底,天气炎热时则多数藏于暗处。三线闭壳龟是变温动物,其活动直接受温度的影响。最佳饲养温度为 28～30℃,10～15℃时处于冬眠状态。45℃高温及 4℃低温均有致死可能。每年的 4～11 月为其活动时期。

三、繁殖习性

三线闭壳龟性成熟年龄雌雄有差异,饲养方式也影响其性成熟。野生条件下雌龟性成熟年龄为 6～7 年,体重 1250～1500 克;雄龟性成熟年龄为4～5年，体重700～1000克。人工养殖时，雌龟性成熟年龄为4～5年，体重为1000～1500克；雄龟性成熟年龄为3～4年，体重为750～1000克。由于人工养殖条件下营养丰富，龟的体质较野生龟好，而且生长速度加快，造成性成熟年龄缩短，但卵的体形小、受精率低，总体上比不上野生龟产的卵质量好。三线闭壳龟一般在每年4～10月、气温20～28℃、水温16～25℃时交配。产卵多从5月开始，水温为25℃以上，约延续到当年10月份才基本停止产卵。三线闭壳龟一般每年产卵1次，个别个体大或营养充足的龟能产卵2次。初产卵每窝1～2枚，一般龟产卵5～7枚。卵壳呈白色，长椭圆形。龟产卵多在夜间进行，上岸后挑选沙质松软的地方先挖窝后产卵。

四、人工繁殖技术

1. 亲龟选择和培育

亲龟要求体质必须健壮。健康的三线闭壳龟体色鲜亮有光泽，两眼有神，对刺激反应敏捷，将龟腹部向上倒置地面时能迅速翻身逃跑。同时龟外形必须匀称，牵动四肢感觉有力，无断尾，泄殖孔较小。泄殖孔较大且松弛的龟可能是肠等内脏有微疾。年龄、体重要适宜。一般龟龄达9～12年时是繁殖高峰期。三线闭壳龟产地不同其体表颜色、生长速度及价格也有所差异。原产于越南一带的龟头顶部金黄色、四肢红色价格高。产于广东、广西、海南的龟头顶部呈灰黄色、四肢体表颜色呈浅红色，价格较低。性比例要合适，雌雄龟以2∶1为宜。雄龟过多，交配季节易引起雄龟之间的争斗造成病伤；雄龟过少，容易对卵的受精产生不良影响。

龟池的建造目前常采用"水陆两栖式"。即龟池低处为水池，水深50厘米即可。高处遮光为龟窝或产卵场，中间为龟活动、摄食的场所。水池与中间地带依靠30°斜坡相连，便于龟的活动。龟池四周必须有50厘米以上高度的围墙包围，靠近龟池的围墙一侧必须平滑，防止龟起叠逃跑。

亲龟放养密度以3～5只/平方米为宜。亲龟饵料以动物性饵料为主，辅以少量植物性饵料，动、植物饵料比为8∶2，再加适量的必需维生素等以促进亲龟发育。夏季亲龟每天投喂2次，早上6时和傍晚18时各1次。日投饵量占龟体重的3%～6%。另外要加强水质控制及病、敌害预防。

2. 稚龟暂养

刚出壳的稚龟，脐部留有痕迹或残留少量卵黄囊，此时应将其转移至木箱或塑料盆中暂养，底部放5厘米厚干净湿润的沙土或蛭石。待其卵黄囊吸收完毕后，置于水深1～2厘米的光滑陶瓷或塑料盆中暂养，暂养密度为250只/平方米。根据水质情况，2～3天换水1次，换水时温差不能超过2℃。日投喂稚龟体重0.8%～1.5%的专用全价配合饲料，分2～3次投喂，暂养5～7天后，选取脐孔封闭、体质健壮、无病无伤的稚龟入培育池内饲养。

3. 幼龟培育

龟池水深50厘米左右，水中放置水浮莲有利于净化水质，也可供龟隐蔽和夏季降温。幼龟放养密度约为40只/平方米，以后随龟体重的增加而逐渐降低放养密度。饲料以动物性饵料为主，辅以部分植物性饵料，建议动物性饵料与植物性饲料的比例为7∶3。越冬前，稚龟应投喂高蛋白动物性饵料和适量复合维生素，以增加体内脂肪的积累，利于越冬，或将其转入温室养殖，控制温度28～31℃。

4. 龟卵收集及孵化

三线闭壳龟每年5月左右开始产卵，6～7月为产卵盛期。刚产出的卵透明呈米黄色，壳较软有弹性，入沙土后变硬。卵重约12.5～18.3克。亲龟产卵后要做好记号，24小时后即可采卵。采卵时要小心操作不能碰撞、转动龟卵。龟卵产出2～3天后即可判断是否受精，受精卵的卵壳上有乳白色斑点，无白色斑点的为未受精卵。受精卵上的乳白色斑点随时间推移而不断向卵壳两侧扩大，最后环绕卵的中部，至即将孵出稚龟时整个受精卵呈白色或灰白色。

孵化受精卵可在泡沫箱、木箱中进行。箱底必须有若干个排水孔。埋藏受精卵时切记要将乳白色斑点向上。卵与卵间距为2厘米以上,行与行距离3厘米以上。受精卵的上下孵化介质铺垫和覆盖厚度均为5厘米左右。孵化温度直接影响孵化期的长短和孵化率的高低。适宜的孵化温度为28～32℃。保持恒温可提高孵化率。温度保持在32℃时约60天可孵出稚龟。龟卵胚胎发育除了吸收卵内水分外还必须持续向周围环境吸收水分并消耗氧气。受精卵孵化时孵化介质的湿度约为15%。孵化过程中每个环节、每种工具都必须消毒,发现受感染的卵要及时取出淘汰。

第二节 黄缘闭壳龟

黄缘闭壳龟(*Cuora flavomarginata*)是龟

科、闭壳龟属动物，又称黄缘盒龟、断板龟、夹板龟、黄板龟、金头龟等。黄缘闭壳龟分布于中国、日本。在中国分布于安徽、江苏、上海、浙江、河南、湖北、湖南、福建、广东、香港、台湾等地，在安徽的分布主要限于皖南和大别山区以及丘陵地带。

一、形态特征

黄缘闭壳龟（图4-2）头部光滑无鳞，鼓膜圆而清晰，头部背面浅橄榄色，吻前端平，上喙有明显的勾曲，下颌橘红色，两眼后各有一条金黄色宽条纹，两纹在头部背面交汇成"U"形弧纹，纹后的颈部呈浅橘红色。背甲绛红色或棕红色，高而隆起，正中有一条淡黄色脊棱，壳高约为壳长的1/2，背甲缘盾略上翘，盾片上有较清晰的同心环纹。腹甲棕黑色，外缘与缘盾腹面呈米黄色，腹甲前缘略突出，后缘呈椭圆弧形，前后边缘均无缺刻。背甲与腹甲间、腹甲前后两部分间借韧带相连。腹甲前后两部分能向上闭合于背甲，头、尾及四肢可完全缩入壳内。四肢略扁平，上覆有瓦状排列的鳞片，呈灰褐色，前肢基部呈浅橘红色，具五趾，后肢基部呈米黄色，具四趾，趾间具微蹼，尾短，两后肢之间及尾部皮肤具疣粒。

图 4-2　黄缘闭壳龟（徐昊旸 摄）

二、生活习性

黄缘闭壳龟较其他淡水龟类胆大，不畏惧人，除交配季节外，同类很少争斗。黄缘闭壳龟是以肉食为主的杂食龟类，在野外以昆虫、蠕虫、软体动物为食，如天牛、金叶虫、蜈蚣、壁虎、蜗牛等。当动物性饵料缺乏时，也食谷实类和果蔬类。在耐饥饿试验中，部分个体甚至能摄食腐烂的植物叶。人工养殖时喜食蚯蚓、黄粉虫、蝇蛆和动物肉以及团状鳗鲡饲料、颗粒状黄鳝饵料，不喜食带皮的死鱼虾，在浅水也捕食小活鱼。

黄缘闭壳龟取食的适宜温度为 20～33℃，以 28～30℃时摄食强度最大。摄食量与温度的高低密切相关，当温度低于 26℃时，摄食量明显下降。当环境温度为 20～24℃时，摄食量不足体重的 1%，且取食次数少，一般 2～3 天采食一次；当环境温度为 25～27℃时，其采食量可达到体重的 1%～2%，一般 1～2 天摄食一次；当环境温度稳定在 28～31℃时，摄食量为体重的 2.5%～5%，一般一天摄食一次。

因温度直接影响黄缘闭壳龟的摄食量，从而也直接影响其生长速度。黄缘闭壳龟在 6～9 月取食最旺盛，生长速度快。自然条件下一般需要 5～6 年才能达到性成熟，体重可达 400～500 克，人工养殖可提高其生长速度。

三、繁殖习性

种龟的交配时间一般在秋、春两季（一般5~6月和9~10月）。雌龟有效交配1次，可保持1~2年内受精。在交配季节雄龟比较活跃，好斗，常相互咬架。成熟雄龟不断向雌龟求偶，会发出可爱的细声。雄龟先是挡在雌龟的前面，用头部按摩或撞击雌龟，有时用嘴咬住雌龟的背甲，用劲猛甩。此时雌龟非常温顺，一动不动。最后雄龟转到雌龟背后，并爬到雌龟背上，将交配器插入雌龟的泄殖孔内进行交配。若雌龟没有兴趣，无论雄龟如何挑逗，都会快速跑掉。

雌龟产卵季节为6~8月，一般每只雌龟每年产卵1~3枚。产卵多在夜间进行，雌龟在设置好的产卵场用后肢挖一个深5~10厘米的穴洞，产后用后肢扒周围土将卵覆盖，并用腹部将穴口压实。有时部分雌龟会将卵产在草丛内或水中。卵呈长椭圆形，重约8~11克，长约42~47毫米，宽约20~24毫米。

四、人工繁殖技术

1. 亲龟选择和培育

(1) 亲龟场的建设　亲龟场选择在背风朝阳、无噪声、水量充足、水质良好的地方。一般亲龟池为长方形。根据亲龟数量确定池子的大小,一般为2平方米1~1.5只。根据黄缘闭壳龟为水陆两栖动物,既能在水中戏水但又不能长期在水中生活的特点,由南到北依次为亲龟戏水区、活动觅食区、隐蔽休息区和产卵区。戏水区面积占总面积的30%,用光滑的鹅卵石铺底,水深不得超过10厘米,以便亲龟在水中洗澡、饮水。活动觅食区一般占总面积的30%,该区放一些光滑的鹅卵石模拟高低不平的自然生态环境利于亲龟在此区活动、觅食、交配。休息隐蔽区占总面积的30%。以泥土为铺底上面覆盖一层把根草(狗牙根草)且种植一些其他杂草,供其隐蔽休息。产卵区占总面积的10%,以泥沙为主,厚度为30厘米。在产卵场上方用石棉瓦搭建一个约5米长、2米宽的半坡式挡雨棚，避免亲龟产卵后遭雨水浸泡，影响孵化率。

（2）亲龟的选择　亲龟应挑选无病、无伤、体质健壮、年龄在5龄以上、体重在500克左右的个体。性成熟黄缘闭壳龟的雌性尾短，尾柄较细，尾伸直后泄殖腔孔位于缘盾内侧。而雄性尾长，尾柄较粗，尾伸直后泄殖腔孔位于缘盾外；用手指顶触其前后肢，并向壳内使劲挤压，则可看到交接器从泄殖腔孔翻出，呈黑色，而雌性则无此现象。

（3）种龟的培育　亲龟放养前，必须对池塘进行清理，整修防逃设施、进排水管、池堤，用生石灰对各功能区进行消毒后，对戏水区加入10厘米的新水。

采集的亲龟来自不同的区域，特别是在运输过程中，易造成损伤，因此入池前要对亲龟进行消毒。用1‰聚维酮碘浸泡亲龟15～20分钟，浸泡时以亲龟头部能伸出水面为宜。消毒液不宜太深，否则造成亲龟窒息死亡。一般放养雌雄比例为(2～3)∶1。放养密度一般每0.5～1只/平方米为宜。

黄缘闭壳龟一般在温度达到18℃时开始摄食，而亲龟的性成熟时间、年产卵次数、卵数量多少、卵质量好坏，在很大程度上取决于饵料条件。所以在饲养过程中，首先要充分满足亲龟的营养需要，小鱼虾、泥鳅、蚯蚓、螺蛳、河蚌、黄粉虫、动物内脏及蚕蛹、豆饼、麦麸、玉米、西红柿等，都是黄缘闭壳龟爱吃的食物。投喂时要做到"定时、定量、定质、定位"四定原则，同时，以投喂动物性饲料为主。在进入生殖发育时，动、植物性饲料比在7∶3左右。在日常管理中要保持池水清洁，每天定时清理饲料台，把残饵清除干净。一般亲龟在傍晚和清早出来活动并觅食，所以，早晚观察亲龟的活动情况两次，防止逃跑和生物敌害侵袭。在产卵季节，尽量减少行人、车辆等干扰，给亲龟创造一个安静的产卵环境，同时定期向饵料中加一些痢特灵等预防肠炎。

2. 稚龟暂养

稚龟刚出壳时，腹部仍带有脐带和卵黄囊，

不能立即放入养殖池，应让其在孵化箱或沙盘中稍作停留，之后放入暂养容器中暂养2～3天，水温保持在25～30℃。暂养容器可用瓷盆、塑料盆或玻璃缸。暂养容器放置时底部要倾斜，加少量水，水深1～1.5厘米，无水的一侧铺3～5厘米厚的细沙，或者放置一块潮湿的毛巾作为稚龟隐蔽栖息的场所。卵黄没有吸收完的稚龟，应单独放置于一消毒的小容器中暂养，避免卵黄膜破裂和细菌感染，待其完全吸收后方可放入饲养池。这期间不摄食，靠自身卵黄提供营养。

3. 幼龟培育

开始放养密度为50～80只/平方米，后随着个体的长大逐渐降低养殖密度。入池时，用1%聚维酮碘溶液洗浴5分钟，对体表消毒，避免入池后脐部感染病原体。饲养池保持水深1～2厘米。由于饲养池内加水少，池水很快被稚龟的排泄物及残饵污染。因此，每天必须换水，每2～3天冲洗饲养池一次，始终保持池内清洁和池水卫生。

幼龟的饵料基本上与亲龟相同，动物性饵料和植物性饵料以 7∶3 或 8∶2 混合喂养，也可投喂人工配合饲料，要求蛋白含量不低于 42%、脂肪含量 4%～6%。动物性饵料的日投喂量约为幼龟总体重的 5%～8%。配合饲料一般在 2% 左右。一般每天早晚各投饵 1 次，并根据天气、水温及时调整。

4. 龟卵收集及孵化

亲龟的产卵期来临时，对产卵床进行清理，清除产卵场的杂草、树枝、烂叶，将板结的沙地翻松整平。黄缘闭壳龟一般在 6～8 月产卵，在整个生殖季节，应每天早上巡塘一次，仔细检查产卵场是否有雌龟产卵的痕迹。检查时间以太阳未出、露水未干时为宜。如发现亲龟已产卵，用竹签或树枝作好标记，不要随意翻动或搬运卵粒，待产出后 2 天（48 小时）其胚胎已固定，动物极（白色）和植物极（黄色）分界明显时方可采卵。收卵时动作要轻，否则会挤破受精卵，且每天对产卵床喷水一次，保持泥沙子湿度。

整理好孵化房。孵化房要做到封闭性好，且有通风窗。通风窗要用网窗封好避免老鼠等动物进入，同时孵化房用福尔马林加热熏蒸消毒，杀灭房中有害昆虫。另准备若干个40厘米×30厘米×10厘米的木箱或泡沫箱，箱底层铺5～10厘米细沙或泥沙以便保湿、保水，细沙上再铺一层10～20厘米的粗沙，粗沙的透气性好。孵化用沙最好要先晾晒或用多菌灵杀菌。卵收集后，将受精卵依次摆放在孵化箱内，放置时动物极朝上（即白点朝上）。放置受精卵时要做到轻拿轻放，每个卵之间株距和行距为2厘米×3厘米。卵放好后上面再铺盖一层2厘米的粗沙，沙温控制在28～32℃，相对湿度在75%～85%，以手捏沙后放松即散为宜。以后每隔3～4天喷水一次，一次量不宜过大。孵化房内空气温度始终控制在30℃左右，夏季温度超过32℃时中午要开窗通风，经过60天左右后即可孵出稚龟。刚出壳的稚龟腹甲中央有一圆形卵黄囊，需一个星期后才能消失。

第三节

黄额闭壳龟

黄额闭壳龟（*Cuora galbinifrons*）（图 4-3）属于爬行纲（Reptilia）、龟鳖目（Testudoformes）、地龟科（Geo-emydidae）、闭壳龟属（*Cuora*）。在中国仅分布于广西、海南。

图 4-3　黄额闭壳龟（李伟 摄）

一、形态特征

体形中等，背甲长 83～186 毫米，宽 68～129 毫米；壳高 40～92 毫米，约为壳长的 1/2。头大小适中，宽 20.5～28.5 毫米，约为背甲宽的 1/3。吻略超过上颚，上颚缘平直，无缺凹或钩曲。下颚略短，头顶部平滑，枕部被小鳞。眼大，眼径大于吻长。背甲隆起，中线有一脊棱，背甲前后缘圆，无明显的凹缺。背甲前后的两侧缘略向上翻，个别标本略呈锯齿状。颈盾极窄长，椎盾 5 枚，宽大于长，但窄于相邻的肋盾。1～4 或 1～3 枚椎盾前缘中央突出。四椎盾长大于宽，肋盾 4 对，缘盾 11～13 对。背甲各盾片均有不明显的同心纹。前后缘均圆而无凹缺。腹盾各缝的长度顺序为腹盾缝＞胸盾缝＞喉盾缝＞肱盾缝（或股盾缝）＞股盾缝（或肱盾缝）。腹甲与背甲以韧带相连，胸盾与腹盾间及相应的骨板间亦具韧带，腹甲的前后叶能向上闭合背甲；

无明显的甲桥，亦无腋盾及胯盾。肛盾大，单枚，其上无沟缝或其痕迹。四肢长度适中，被较大的覆瓦状鳞片，其中以前肢背面的鳞片为最大，腕及踵部具少数大鳞。前肢5爪，后肢4爪，指、趾间具半蹼。尾较短，被硬鳞。腹部纯黑，又称为黑腹闭壳龟。海南地区腹部生长线两边为白色；背甲狭长略低，花纹和颜色变化多样；四肢颜色黄、红、黑，变化多样；头顶部长有许多黑斑，颜色黄、红、黑，变化多样；眼睛通常红色或者淡色。

黄额闭壳龟与布氏闭壳龟（*Cuora bourreti*）、图纹闭壳龟（*Cuora picturata*）为相似种。三者之间的区别在于：就背甲高而言，图纹闭壳龟的背甲最高，其次是布氏闭壳龟。黄额闭壳龟具有全部为黑色的腹甲，而其他两种为浅黄色带有大块黑色斑的腹甲。图纹闭壳龟头部为金黄色，而黄额闭壳龟及布氏闭壳龟头部有黑色或棕色斑点。

二、生活习性

黄额闭壳龟喜栖息于丘陵山区溪流及浅水区域,常隐藏在树林的落叶内。昼行性,3~7月常栖息于山林中的溪流边,旱季有长达近4个月的冬眠期,雨季的活动也具有明显的间歇期,活动范围大于旱季。对环境温度要求较高,适应能力差,环境改变,一般不进食,陆生倾向强,也常在水边出没并能在浅水中活动,不善游泳。通常都很胆小,难以饲养,野外捕获的黄额闭壳龟普遍存在拒食症。大多数为杂食,以肉食性饵料为主,主要食物有昆虫、鱼、虾、青菜、西红柿、水果等。野外栖息最适温度24~28℃。

三、繁殖习性

每年6~10月为繁殖期。人工养殖条件下,雌性黄额闭壳龟每年产卵1次,每次1~2枚,全年最大产卵量2枚,卵白色,呈长椭圆形,直径3

厘米,长 6 厘米,重 12 克左右。产卵高峰期在 6~7 月,在产卵前 1~10 天会表现出明显的食欲下降,但未发现绝食现象。

雄性黄额闭壳龟的领地意识极强,有相互攻击行为,因此为避免雄性之间的相互争斗造成损伤,同一时间雌性养殖区域仅有 1 只雄性。雌性黄额闭壳龟有吞噬同类龟卵的习性,在产卵前也会表现出较强的领地性,因此雌性在产卵前也单独饲养。

四、人工繁殖技术

目前饲养方法与黄缘闭壳龟饲养基本相似。但与黄缘闭壳龟相比,黄额闭壳龟是十分害羞的品种,对环境的要求极高,养黄额闭壳龟所花的精力要远大于黄缘闭壳龟等其他龟种,调养不好或者环境产生较大变化,都可能导致它们死亡。

1. 饲养环境

陆地面积占 80%,水池占 20%。陆地使用泥土、枯叶、树皮混合铺垫，夏季5厘米厚，冬季15~20厘米厚；绿植选择常绿乔木（如荔枝树、芒果树），绿植遮盖率要达到陆地面积80%以上。铺垫垫材保持约有70%的湿度，环境要通风清爽。水池水深5~10厘米，每天换水，换的水为放置1天的自来水。饲养环境温度控制在20~30℃。

2. 亲龟选择及养殖

挑选6龄以上、750克以上体质健壮无病害、无挑食情况、有明显沉甸感的雌、雄龟。

黄额闭壳龟每只单独饲养，饲养在塑料盆中，圆形或者方形，大小以龟背甲面积的10倍为宜，高度为30厘米左右以龟爬不出为宜；使用合适的箱子内置饮水盆即可，每天换水，换的水为放置1天的自来水。饲养环境温度控制在20~30℃，15天后方可喂食。3天喂食1次，以含有平菇、秀珍菇的菌类和人工配合饲料（大于41%蛋白含量）为龟的食物。菌类和人工配合饲料重量比为1∶1，每次的食物投喂量为龟体重的2%。每周不固定喂食含有白菜、番薯叶、香蕉、榴莲、苹果的新鲜果蔬。观察到龟两次排泄物后，使用甲硝唑（20毫克/千克）口服，1天1次，连续使用3天。将预饲养2个月后的雌龟放入合并养殖，密度为1~3只/平方米。如果是野生来源的雌龟则要在此环境条件下养殖2年以上。雄龟可单独用塑料盆养殖或者单独在上述饲养环境下养殖。

3. 产卵孵化

（1）人工配对　在春季气温稳定在17~18℃，除正常投喂外，每周喂食10克乳鼠或者大麦虫以提高食物中动物蛋白的含量。连续投喂2~3周后，用塑料板或者瓷片将每3只雌龟单独分隔，放入1只成熟雄龟后，雾化喷淋自来水2~3个小时（每平方米4升/小时喷淋量）后，大部分雌雄龟可完成交配。观察到雌雄个体交配成功后人工分开，雌性个体继续合养，雄性个体单独饲养。如果观察到雌雄龟激烈打斗表示交配不成功，应人工分开雌雄个体单独养殖1周后，再选择不同雌雄个体进行人工促使交配，若再不成功，第2年再试。

（2）龟卵收集　4~6月是黄额闭壳龟的产卵

期。黄额闭壳龟年产卵1~2枚，1天内分1次或2次产完。会出现龟吃卵或者破坏卵的情况。产卵季节做好巡池工作，或安装红外监控，发现产卵，及时收集，进行受精卵人工孵化。

（3）孵化　受精卵在透明白色孵化盒内孵化，孵化盒长×宽×高为22厘米×14厘米×8厘米。以蛭石为孵化介质，先在孵化盒铺4厘米厚，充分吸水、沥干2小时后的蛭石，再在上面铺2厘米的干蛭石，空气湿度可控制在75%~85%。将2枚受精卵放入盒中央，2卵相隔5~6厘米。盖上盒盖，放入保温箱，以25℃孵化，80~100天黄额闭壳龟稚龟即出壳。

第四节

四眼斑水龟

四眼斑水龟（*Sacalia quadriocellata*）（图4-4）

又称四眼斑龟，隶属于爬行纲（Reptilia）、龟鳖目（Testudoformes）、龟科（Emydidae）、眼斑水龟属（*Sacalia*），主要分布于广东、广西、海南等地。头顶后生有2对宛似眼睛的斑纹，观赏价值颇高。四眼斑水龟还具有较高的药用价值和滋补作用。

图 4-4　四眼斑水龟（Artur Tomaszek 摄）

一、形态特征

四眼斑水龟头背后侧有2对明显的眼斑。背甲呈棕色，腹甲淡黄色并杂有黑色斑点。头部光滑无鳞；吻短而尖，超出下颚，垂直向下达喙；背甲较扁平，脊棱明显，侧棱弱而不显；颈盾窄长，后缘宽于前缘。腹甲平坦，略短于背甲，前端平截，后缘略凹。甲桥平坦不显。四肢平扁，前肢外侧有若干大鳞；指、趾间全蹼，爪尖细而侧扁。尾纤细。生活时，背甲黑褐色，甲桥及腹甲浅棕黄色。头、颈部棕橄榄色，头后侧有2对前后紧密排列的眼斑，每一眼斑有1～4个黑点，幼龟期的眼斑棕黄色，老年个体为棕色；喉部色较浅，有两块棕红色斑。颈部具多条棕红色纵纹，颈背3条尤为明显。四肢黑褐色，内侧及腹面色浅，肩部浅棕色。尾色背深腹浅。

二、生活习性

四眼斑水龟胆小，受惊后将头、尾、四肢缩入壳内或无目的地四处乱窜。在野外多栖息于石块下、树根间或水体底层等阴暗处。水温稳定在15℃时，四眼斑水龟开始活动；水温稳定在18℃时，开始觅食，其适宜生长水温是25～30℃。当气温下降到13℃时，活动量明显减少，并开始转入越冬阶段。越冬时，头缩入壳内，四肢和尾部裸露在壳外。对环境变化反应极为迟钝。四眼斑水龟系杂食性。在人工饲养条件下喜食瘦肉、鱼虾等动物性饵料，也食少量瓜果、蔬菜类。食量小。四眼斑水龟的生长速度比乌龟快，而慢于红耳龟。四眼斑水龟一般5龄可达性成熟，成熟个体体重在300克以上。一般在每年5月初开始交配，5~8月产卵，每次产卵1~2枚，卵重15克左右。有分批产卵的习性[21]。

三、繁殖习性

四眼斑水龟4月底开始发情交配。发情时，雄龟常绕雌龟打转或在雌龟前面阻拦雌龟，不让雌龟爬动，待雌龟不动时雄龟即会从雌龟的后面爬到雌龟背上，用前肢勾住雌龟的背甲前缘，伸直尾巴将交接器插入雌龟的泄殖腔内，交配后雄龟从雌龟身上滑下。交配多在岸边或水中进行。5~8月份为产卵期，产卵时雌龟爬到岸边，用后肢在松软处交替掘穴，并将卵产在挖好的穴中，产完卵后再扒土将卵盖好，然后离去。

四、人工繁殖技术

四眼斑水龟胆小,水栖性强,因此养殖池应该建造在安静的地方,并有良好的水源。龟池视养殖规模而定大小,水深在30厘米左右。龟池中央最好建造龟岛,以适应龟的需要。龟池四周必须建造防逃设施。

家庭式饲养四眼斑水龟时,可将其养在水族箱等容器中,并放置在安静的地方,若每天有1小时太阳光照射的地方更好。水深以龟背高度的3倍为宜,水中还可放置石头,供龟休息。

1. 稚龟培育

胚胎发育成熟后,稚龟会用头、前肢顶破卵壳并自行从壳中爬到沙面。刚出壳的稚龟,脐部留有痕迹或残留少量卵黄囊,此时应将稚龟转移到准备好的休息箱里。休息箱可采用木桶、胶盆等制成,底部放10厘米干净、湿润的沙(可取自孵化箱),盖上两层干净的黑布,并保持布有一定的湿度。经2~3天休息，稚龟脐板紧闭后，将稚龟小心转入小盆，用1%聚维酮碘消毒10~15分钟后，取出稚龟诱食2~3天，逐渐再进行人工试养。

试养稚龟时，一般先在室内饲养15天左右，让稚龟适应环境后、体质逐步增强时再转入室外培育池饲养。稚龟入池前，先用1%聚维酮碘溶液消毒10~15分钟，稚龟的初始放养密度为大约30只/平方米，随着稚龟个体的逐渐长大，放养密度应逐渐降低。

刚出壳的稚龟体质娇弱，必须保证供给均衡的营养物质，否则稚龟容易受病菌侵袭而患病。稚龟的饲料必须新鲜、营养均衡、细小适口、容易消化，不宜采用脂肪含量高的饲料。

稚龟的饲料主要有蛋黄碎、猪肝泥、鱼肉浆、小蚯蚓、小面包虫、瘦猪肉或牛肉碎等，这些饲料都不能混入盐、油、酸、碱等物，以免引起稚龟胃肠功能的损坏。稚龟培育30天后，稚龟的饲料应逐渐向配合饲料转变，因为随着稚龟个体的逐渐长大，其对营养物质的要求会越来越高，而稚龟所用配合饲料的蛋白质含量一般在40％左右，其它营养物质的含量也比较均衡，能适应稚龟生长发育的需要。同时，随着稚龟的逐渐长大和越冬期营养消耗的需要，稚龟的饲料中应该加大优质动物性蛋白及脂肪的含量，使稚龟有强壮体质过冬。

当水温降到15℃时，应将稚龟转入室内，将室温保持在5℃以上时，稚龟基本可安全越冬[21]。

2. 幼龟和成龟的饲养

四眼斑水龟虽为杂食性，但在人工饲养条件下更喜食瘦肉、鱼虾等动物性饵料。因此，可投喂新鲜的动物性饵料。如果有一定的养殖规模，使用人工配合饲料效果将更为显著。因为动物性饵料的来源除了受季节性限制外，还容易带入寄生虫和病菌等，导致龟病害发生。而使用配合饲料则可避免这一缺陷。同时，大多数动物性饵料的成本都较高。如果稚龟阶段使用动物性饵料，在使用配合饲料饲养幼龟和成龟前，应该先进行一段时间的驯化引食：将动物饵料与配合饲料按

1∶2的比例投喂10天左右,待龟适应后,再将比例调到1∶5,以后逐渐停用动物性饵料,完全使用配合饲料。

投喂饲料要定时、定位、定质、定量,使龟形成定时、定点的摄食习惯。投喂饲料的时间、次数、重量要视季节及龟的食欲、当时的天气状况等具体情况而定。一般在每年的5～10月中旬,水温多在23～30℃,这是龟的适宜生长温度,这段时间龟的活动较为旺盛,吃食量多,生长发育速度一般也快些。此时应每天投喂1次,每天投喂的饲料总量约占龟体重的5%,以每次投喂饲料后1小时内基本吃完或稍有剩余为最佳投喂量。同时在饲料中添加适宜的维生素,投喂前后要及时换水。一般10月下旬开始,要准备进入越冬阶段。

日常管理工作的重点是要保证龟饲料的质量,还要管理好水质。人工养殖时,由于龟的密度较大、养殖空间狭小、水温高等因素的共同作用,水质都较易恶化,直接影响龟生长发育,甚至龟受病菌侵袭患病或死亡。保持食台清洁,避免龟带残余饵料到水池，加快水质变坏。在每次换水时，要特别注意水的温差不宜超过3℃，否则容易引起龟不适甚至患病。如饲养亲龟，在亲龟的繁殖季节还须定期检查产卵场地的清洁情况及湿度、松硬度，以适应亲龟产卵需要。

此外，龟病防治工作同样重要，重点是预防龟病的发生。平时精心观察龟的摄食等活动情况，及时对龟体、龟池及食具进行消毒，保持良好水质。在龟（尤其在稚、幼龟阶段）的饲料中添加适当的维生素等，以增强龟体对疾病的抵抗力。发现异常龟及时隔离并积极治疗，严防老鼠、蛇、蚁等敌害生物对龟的侵袭。

3. 产卵孵化

雌龟产卵场应保持隐秘、幽静，避免人、畜干扰，否则不能安全产卵，甚至难产，损失亲龟。四眼斑水龟产卵的时间一般在夜晚至清晨。产卵前先用后肢挖穴，产后又扒土覆盖，用腹甲压平，并设有气孔供卵呼吸和稚龟出壳。在龟的产卵期要随时观察，对刚产的卵作好记号，24小时后才收卵孵化。一般孵化箱规格为60厘米×40厘米×10厘米，内盛孵化基质厚度6厘米左右。将采回的卵剔除未受精卵和破损卵后按2厘米的间距排列于孵化箱内，上盖3厘米厚的孵化基质，保持温度26～30℃，湿度60%左右，一般孵化65～75天稚龟出壳[22]。

第五节

果核泥龟

果核泥龟（图4-5）又称果核蛋龟，隶属于爬行纲（Reptilia）、龟鳖目（Testudoformes）、动胸龟科（Kinosternidae）、泥龟属（*Kinosternon*），在自然界主要分布于美国佛罗里达州东南部、亚拉巴马州、南卡罗来纳州、佐治亚州南部、北卡罗来纳州东部及弗吉尼亚州东南部等地区。果核泥龟具有体型小、活泼好动、易亲近主人以及饲养简单等优点，近年来被大量引入国内，逐渐成为观赏龟市场上的新星。

图4-5　果核泥龟（邱倩婷　摄）

一、形态特征

背甲比较宽阔、平坦，最高与最宽处是均在背部中央的后方，成体果核泥龟无脊椎骨，盾甲边缘没有锯齿，而刚出生的幼体却有一条脊椎骨（背部中央）。背甲的颜色从黑色到棕褐色有着不同的变化，有些甚至接近透明色。因而，有时可以看到骨架的结构。三条易变的浅黄色或奶油色的纵向条纹出现在背部，随着时间延长会变得黯淡或模糊。有两条明亮的条纹从眼眶处向后方延伸，位于鼓膜的上下两侧。所有皮肤都呈棕褐色或黑色，也许会在头部与颈部形成黑色斑纹，尾巴的末端是一个角状的脊椎。母龟体型偏圆润，更厚实，公龟体形修长扁平。

二、生活习性

果核泥龟是半淡水栖龟类，多数时间出没在水流缓慢或停滞的湖泊，如湿地、沼泽、泥潭。当然，拥有柔软底层的沙土或淤泥是比较理想的。它也时常出现在较湿的草地或进入有一定含盐量的池水中。果核泥龟很少主动晒太阳。果核泥龟属肉食者，偶尔也进食植物，如棕榈树的种子、树叶、花瓣以及藻类。动物性食物主要包括蜗牛、昆虫、软体动物、甲壳纲动物、两栖类动物、鱼类等。果核泥龟非常容易被以动物的肝脏、蚱蜢、蠕虫或生面团为诱饵的鱼钩所捕获。在自然界果核泥龟似乎扮演了清洁工的角色，当它在陆地时，会钻进家畜的粪便中去吃未被消化的草料，或许是在寻找昆虫。因此，在美国它们也被叫做"牛屎龟"。

三、繁殖习性

在冬季加温（24～28℃）的饲养条件下，通常果核泥龟雄龟需要满 3 冬龄，且体重在 75 克以上才具有交配、繁殖的能力；雌龟的生长周期通常较长，需要满 4 冬龄，且体重在 150 克以上才出现交配、产卵行为。在自然常温条件下饲养，果核泥龟生长周期更长，雄龟需 4～5 冬龄、雌龟需 5～6 冬龄才能达到性成熟。果核泥龟为温带龟类，其适宜生活的温度为 20～32℃，低于 20℃时摄食量下降，低于 14℃则停止摄食，开始冬眠。在自然温度下，果核泥龟于每年 4 月下旬结束冬眠，开始摄食，5～8月产卵，高峰期在6～7月，亲龟1年产卵1～3次，每次产2～5枚。只要温度适宜，全年均可观察到龟的交配行为。

四、人工繁殖技术

1. 亲龟选择和培育

挑选果核泥龟亲龟时，应优先选择背甲盾片年轮状凹刻明显、个体大、健壮、双目有神、体表光洁无残损、肌肉丰满有力、头颈伸缩自如、泄殖孔滚圆开阔的性成熟个体。目前市场更青睐头部斑纹明显、体色较浅的个体，这也可以作为挑选种龟的参考项。市场上偶见背甲盾片年轮状凹刻极其平滑的大个体，这些往往是老龄种龟，多数已不适合用于繁殖（产量低或龟卵质量差）。引种前必须进行疫病调查，最好到信誉好的养殖场中直接选购。建议不要购买多次转手贩运的龟，因为运输颠簸、挤压等过程容易使龟出现应激反应，甚至受伤或感染疾病，会严重影响亲龟的存活率，即便是成活的个体，也需要调理较长时间才能恢复健康用于生产。

饲料主要有鲜活饵料（新鲜蔬菜、鱼虾、昆虫等）和全价配合饲料，配合饲料营养较为全面。配合饲料（干重）单次投喂量为龟体重的1％～2％。投喂动物性鲜活饵料前建议进行冰冻处理，这样可防止大部分寄生虫的传播，也便于饵料的保存。冰冻饵料在投喂前一定要保证彻底解冻，尽量让饵料温度与果核泥龟的饲养环境温度一致，否则极易引发龟消化道疾病。可在饲养箱内挂设海螵蛸（墨鱼骨），以保证亲龟能摄入足量钙质。还应定期增投维生素E等，以促进亲龟性腺发育成熟，提高产卵率、产卵量和受精率。投饲时，小型动物性饵料可直接投喂，较大或较硬的鲜活动植物饵料则应分割成适合亲龟摄食的大小进行投喂。视季节、天气、水温、龟的摄食情况酌情增减，以在30分钟内摄食完为宜。饲养亲龟时，应保持饲养箱中水位与水温的稳定，适时更换新水。换水时，每次用抽水泵从水体底部吸出沉淀物，并更换2/3温度相近的新水。

2. 稚龟暂养

稚龟出壳后,用光滑的PVC盒盛装有效碘浓度100毫克/升的聚维酮碘溶液对其进行消毒,之后放入净水中(水深1~2厘米),在恒温箱中暂养。待稚龟的卵黄囊彻底脱落5~7天后,移入较大的PVC箱中开始正常饲养。可选择大小适宜的米虾、钩虾等小型甲壳动物诱使新生稚龟开口摄食。

3. 幼龟培育

果核泥龟幼龟水性较弱,可用小盒子垫起一侧,让龟苗在斜坡上面自己适应水位。水最深的地方大约是背甲幼龟体高的两倍。幼龟对水温变化较敏感,恒温28~30℃能使幼龟稳定生长。

4. 龟卵收集及孵化

果核泥龟每年5月份开始出现交配行为。交配基本在水中进行,且雄龟之间会出现打斗争偶现象。因此,饲养时应注意及时隔离、治疗受伤个体。全天均可观察到产卵现象,但大多在天气晴朗、温度较高的正午产卵。从5月底开始，应加强巡视检查，一旦观察到亲龟有挖掘洞穴行为或有掩埋痕迹，及时标记其产卵点。收集龟卵时，应用工具或双手轻轻拨开掩埋龟卵的细沙，将龟卵小心移入有蛭石的孵化箱内。孵化时切忌翻转和剧烈震动龟卵。

孵化方法分为自然常温孵化和人工恒温孵化两种。人工恒温孵化具有受环境影响因素小、孵化率高、周期短、孵化期相对一致、可控性高等特点。调节温度，调节孵化蛭石的湿度，控制孵化过程中空气的相对湿度。将龟卵移入孵化盒后，贴上标签，记录开始孵化的日期及龟卵数量。应注意区分不同收集日期的龟卵。在恒温28～30℃、相对湿度85%±5%的条件下，受精状况良好的果核泥龟卵，其孵化时间为67～82天。定期检查孵化情况，一旦有龟卵出现液体渗出、发臭、真菌感染（发霉）等状况，应及时剔除。随着龟卵的发育，对氧气的需求量将逐渐增加。因此，当孵化盒上出现大量水蒸气凝结成的小水滴时，应在孵化盒上适当增加通风小孔，以达到增强空气对流的目的。

第六节 安南龟

安南龟（*Mauremys annamensis*）别名越南龟、假石龟、安南叶龟，隶属于爬行纲（Reptilia）、龟鳖目（Testudoformes）、地龟科（Geoemydidae）、拟水龟属（*Mauremys*）。原产于越南，在中国华南、华东等地有养殖，其中中山市是全国安南龟集中产地和最大的市场集散地。安南龟是经济价值很高的龟鳖品种，是中国养殖的热门养殖品种之一，适合在庭院、室内、阳台、楼顶等小水体养殖。安南龟素有香龟之称，具有药用价值、食用价值、观赏价值等多元价值功能。其中药用滋补保健价值尤为突出。安南龟龟肉、龟卵、龟血含有丰富的蛋白质，并含有维生素、糖类、脂肪酸、肌醇、钾、钠等人体所需的各种

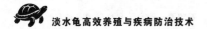

营养成分。在休闲观赏价值领域,该龟外形美观,和人类极具互动性,已成为中档观赏龟类。

一、形态特征

安南龟从外形上看与黄喉拟水龟极相似,特别是体形、背甲及腹甲极其相似。安南龟与黄喉拟水龟主要是根据龟头部上的条纹特征进行区分,安南龟的头侧及颈部具黄色纵条纹数条,且其头背面有一条相连的浅绿色条纹;黄喉拟水龟头侧眼后有2条浅黄色纵纹或有黑线斑纹,其头背面则没有条纹。安南龟龟体为宽椭圆形,背甲稍隆起,黑灰色,具三条纵棱且中间一条明显;腹甲平坦、黄色,每一盾板上有一大黑斑;头部黑色,头侧及颈部具黄色纵条纹数条;下颌黄色,四肢黑灰色;指、趾间具全蹼。雄龟背甲较长,腹甲中央凹陷,尾较粗长,肛孔距腹甲后缘较远;雌龟背甲宽短,腹甲平坦,尾短(图4-6)。

图 4-6　安南龟（魏健全 摄）

二、生活习性

在自然界中仅分布在越南中部，栖息在沼泽地和缓流的河川中。喜群居、性温顺，有爬背习性，自下而上、由小到大排列。每年的 11 月初至 3 月底是它的冬眠期，当温度低于 10℃时，安南龟进入完全冬眠期。杂食性偏动物性，人工养殖可投喂鱼、虾、螺肉、蚬肉、蝌蚪、蚯蚓、畜禽肉和内脏、米饭、面条、水果、蔬菜及配合饲料等。雄龟生长快于雌龟，同一群体雌雄比约 1∶1，生长适温 22～32℃，最佳 27～30℃。

三、繁殖习性

安南龟的性成熟年龄为4～5龄,野生龟体重400克以上,可做亲龟。安南龟长年均可交配,每年5～10月为发情交配期。在自然环境中,交配多在夜间进行,在人工饲养条件下,安南龟通常白天在陆地或水池中相互追逐、交配。6～7月为产卵旺季,产卵于岸边坐北向南、沙土松软、隐蔽较好的场地,每年产卵1～2次,每次产卵(窝卵量)2～8枚,卵呈长椭圆形,灰白色(图4-7),卵重8～20克。

四、人工繁殖技术

1. 亲龟选择和培育

亲龟选用人工选育的非近亲交配、已性成熟的成龟,形态应符合安南龟的分类特征,要求活泼健壮、体形完整、无病残、无畸形,体色正常、

图 4-7　安南龟卵（魏健全 摄）

体表光亮，无角质盾片脱落，颈脖伸缩自如。

养殖场应尽量选阳光、水源充足，进、排水分开，交通便利，供电正常，安静，远离污染源，生态环境保护良好的地方。成龟养殖池以池底为沙土的水泥池为宜，长方形，长宽比 2∶1，面积视养殖规模大小而定，池高 0.8～1.2 米。池四周或两侧建成斜坡形，池底坡度 25°～30°，坡岸留宽 30～60 厘米，池壁处高出水面 25～30 厘米的区域作为栖息台，栖息台距离水沿 2 厘米处设食台。池四周设防逃围墙或围栏，围墙或围栏高出地面 40～50 厘米，顶端近池侧有 10 厘米宽的"T"

形的倒檐。池内深水区设有独立的进排水系统，排水系统宜采用PVC管插入排水口的方式或排水口外接装有阀门的PVC管的方式排水，在池底排水口处安装有防逃网。池内可种植水花生、水葫芦等常见水生植物，面积占养殖池面积15%～20%；池一侧布设防晒降温棚，面积占养殖池面的1/3～1/2。产卵场要设在高处，挖坑30厘米，填上洁净的沙质土。产卵场的面积可按产卵雌龟数计算，一般每平方米放2只雌龟为宜。亲龟入池前可用20毫克/升漂白粉或20毫克/升生石灰或2%聚维酮碘溶液泼洒养殖池。养殖池消毒1～2天后，进水清洗，隔天注水20厘米以上。亲龟放养前用0.5%～1%聚维酮碘溶液浸泡30分钟进行消毒。亲龟消毒后，放在栖息台让其自行入水。放养密度为6～12只/平方米，雌雄比以3∶1为宜。

投喂遵循定时、定点、定质、定量原则。当水温达22～25℃时开始投喂，每3天投喂一次；水温达25℃以上每2天投喂一次（产蛋期间为保证营养摄入，每日投喂一次）。安南龟主要吃动物性食物，也吃一些植物性食物。平时采用牛肝、鱼肉或拌些鳖用饲料投喂。投喂时间一般为下午6时左右。饲料投放在饲料台上。动物性饲料日投饲量为亲龟体重的3%左右，配合饲料为1%~2%，根据水温、天气和亲龟的摄食情况调整投饲量，控制在1小时内吃完为宜。

每日早晚各巡池一次，观察亲龟摄食和活动情况；及时清除残饵、污物，保持养殖池清洁；发现伤残病龟，及时隔离治疗；注意防逃、防敌害侵袭，做好养殖记录。观测水质变化情况，定期换水、滴水，或视池水水质情况换水。高温季节时应特别注意水质变化。冬季水温降至12℃以下时，亲龟进入冬眠期。越冬前，应增加高蛋白动物性饲料的投喂量，以增强亲龟的抵抗力。严寒时节在养殖池上遮盖塑料薄膜，防止亲龟冻伤。越冬期间，无特殊情况不需换水，尽量不惊动冬眠中的亲龟。

2. 稚龟暂养

稚龟孵出后（图4-8），将其放入塑料盆，用一层经过消毒的湿布盖着。2～3天后，稚龟卵黄囊吸收完毕后转入大塑料盆中暂养，水深以刚浸过稚龟的背为宜，0.2平方米的塑料盆可放养稚龟约40只。初始10天，用熟蛋黄、小黄粉虫或0号稚龟配合饲料投喂，10天后改用鱼糜或1号稚龟配合饲料投喂，每日上午和傍晚各投喂一次，投喂量以稚龟在2小时内吃完为宜。在投喂前换水一次，换水时温差不能超过2℃，暂养15天后即可放入稚、幼龟培育池养殖。稚龟质量应符合SC/T1131的规定，脐带完全脱落、脐孔封闭，形体健全，活动灵敏，无病、无伤，不浮水。在稚龟入池前，用2％聚维酮碘溶液对稚龟培育池进行消毒并清洗干净；用0.5％～1％聚维酮碘溶液或0.3％～0.5％盐水浸泡消毒稚龟10分钟左右。稚龟放养密度以150～250只/平方米为宜。

3. 幼龟培育

将个体大小基本一致的龟放到同一个池内饲养有利于较小幼龟的健康生长。幼龟体重50克以下的放80～120只/平方米，50～100克的放50～

图 4-8 正在出壳的安南龟（魏健全 摄）

80 只/平方米，100～200 克的放 40～50 只/平方米。

遵循定时、定点、定质、定量原则。温度 25～32℃时，动物性饲料日投饲量为龟体重的 3%～5%，配合饲料为龟体重的 1%～2%，分早、晚两次投喂；温度低于 25℃或高于 32℃时适当减少投饲量与次数；温度低于 20℃时停止投饲。

在饲养过程中，要根据龟池的水质情况，定期换水。观测水质变化情况，定期换水、滴水，或视池水水质情况换水。高温季节时应特别注意水质变化。

4. 龟卵收集及孵化

产卵期为 4 月底至 8 月初。产卵前，应清理干净产卵池，翻松、暴晒、消毒、整平产卵池的沙土，每日向沙土喷水一次，湿度以手捏成团、松手即散为宜；做好鼠、蛇、猫等敌害动物的防范工作。产卵期每日检查产卵池，发现产卵及时收集。采卵时间以上午 8~10 时或下午 6~8 时为宜。采卵时，宜备好塑料盆，盆内铺一层厚 2 厘米左右、含水量 90% 以上的蛭石，将挖出的卵平放于蛭石上。收卵时动作应轻，避免大的振动或摇晃，避免阳光暴晒和雨水淋洒，应分开坏卵与不干净的卵（图 4-9）。

以塑料箱作孵化器进行人工孵化，孵化器规格一般为 50 厘米×40 厘米×25 厘米。孵化房内安装控温仪、恒温空调等配套设备。孵化介质以粒径为 0.3~0.7 毫米的蛭石为宜。孵化介质经太阳暴晒后方可使用。将收集的卵平放在孵化器内

图 4-9 无法孵化的安南龟卵（魏健全 摄）

的孵化介质上，然后在卵上盖一层微湿的黑布，每日检查，发现卵有受精斑（卵中间显示出白点）为受精卵。5 天后没有出现受精斑的为未受精卵。孵化器底部铺孵化介质 3 厘米厚，将受精卵平放，卵间距为 1 厘米。卵上面再铺孵化介质 2 厘米厚。0.2 平方米的孵化器可放置 80 枚卵左右。孵化温度以 26~30℃为宜。湿度控制蛭石含水量为 90％以上，孵化器内空气湿度为 80％~85％。孵化期间，保持适宜的孵化温度和湿度；观察孵化进度，定时疏松表层孵化介质，及时清除坏卵，防止鼠、蛇、蚂蚁等危害，做好孵化管理和记录。

第七节

黑颈乌龟

黑颈乌龟（*Mauremys nigricans*）属于爬行纲（Reptilia）、龟鳖目（Testudoformes）、龟科（Emydidae）、乌龟属（*Chinemys*）。黑颈乌龟是龟类中体型较大的一种水栖龟类，俗名又称泥龟。黑颈乌龟由于发现在广东，所以称为广东乌龟、广东草龟，又因它全身散发着一股臭味，广东当地人也把它称为臭龟。在我国主要分布于广东和广西。

一、形态特征

成龟体型较大，背甲长呈椭圆形，且较为平扁，中央纵行脊棱明显，无侧棱。背甲一般棕褐色或黑褐色（幼龟背甲略呈黑褐色），某些个体每块盾片的中央部色较浅。腹甲黑色（幼龟腹甲为棕黄色），每块盾片边缘均有不规则的棕褐色斑纹。甲桥部棕褐、黑褐或棕灰色，与腹甲颜色明显不同。头部大且宽，吻钝，略突出于上缘，向内下侧斜切。下颚左右齿骨联合交角大于或等于90°。头部黑色，侧面有黄绿色条纹（幼龟头部侧面或颈部为橘红色）。四肢黑色无条纹，指、趾间具蹼。尾黑色且短小。雌龟体型较大，尾较短，泄殖腔孔距背甲后部边缘较近。雄龟体型较小，尾根部粗且较长，泄殖腔孔距背甲后部边缘较远（图4-10）。

图4-10　黑颈乌龟

二、生活习性

黑颈乌龟生活于亚热带丘陵、山区森林的溪流中。所有现存黑颈乌龟均营半水生生活，其栖息地离不开水。黑颈乌龟行动笨拙，爬动缓慢，性情温和，不主动伤人。黑颈乌龟喜暖怕寒，不能长时间（3个月以上）生活于低温（温度低于15℃）环境中。适宜温度为25℃，环境温度在18℃左右时冬眠。

黑颈乌龟为杂食性动物，当环境气温约28℃时，黑颈乌龟的食量最大，25℃以下食欲显著减低。当温度降低到某一界限后，食欲亦随之增强。因此，一般黑颈类的捕食活动最强时期常与栖息地高温期一致。

三、繁殖习性

黑颈乌龟在性成熟后，即可准备交配配种。一般黑颈乌龟发情期在4～8月。因乌龟天性胆小，喜欢安静,交配的时候一般选择在黄昏。交配时,雄龟会异常兴奋,主动向雌龟接近、示好,如果雌龟接受,那么就可交配。交配时注意,人不要在旁边走动,以免产生干扰,影响受精率。

黑颈乌龟的产卵期一般在 5～9 月,产卵旺季则在 5 月中旬到 7 月上旬。预测产卵季节来临之前,要把产卵场里面的杂草、树枝和烂叶清除干净,并把沙地翻松和整平。黑颈乌龟产卵时都是在比较安静的环境中,一般在夜晚,集中在凌晨。年产卵量为 8～9 枚,最多有 12 枚。

四、人工繁殖技术

1. 亲龟选择和培育

亲龟宜选用野生或人工选育的非近亲交配育成的性成熟龟,要求外形完整、反应灵敏、两眼有神、肌肉饱满有弹性、四肢粗壮、体色正常、体表无创伤和溃烂、无畸形、头颈伸缩自如。雄性要求 6 冬龄以上、雌性 5 冬龄以上。雌雄比例为（2～3）：1，水泥池3只/平方米，土池1只/平方米。

亲龟放养前要预先清池消毒。入池前7～10天，生石灰化成浆后全池泼洒，用量为100～120千克/亩。亲龟进池前要进行消毒，常用的方法是用聚维酮碘（含有效碘1%）浸泡，浸浴10～15分钟。

2. 产卵孵化

产卵前，要对产卵场进行清理，将产卵场的杂草、树枝、烂叶清除，将板结的沙地翻松整平，疏通排水渠道。应经常检查龟池四周有无蛇、鼠、猫等有害动物。孵化室和孵化箱要做好消毒和清洗工作。孵化用沙可用20毫克/升漂白粉溶液浸泡消毒，然后清洗干净，在阳光下晒干或烘干。

产卵季节，每天早上和傍晚应巡视产卵场，仔细检查产卵场是否有雌龟产卵的痕迹或是否有雌龟挖穴准备产卵。发现产卵痕迹时做好标记，48小时后待受精卵出现白斑时再收集。卵收集时间以 8:00～9:00 为宜。孵化房内安装控温、控湿设备，孵化设备用木箱、泡沫箱、塑料箱均可。

孵化介质需要能保温、保湿、透气。常用的孵化介质有沙、土、沙土混合物、蛭石等。沙用无污染的河沙，沙的粒径为 0.5～0.7 毫米；土用无污染的黄色土或红色土；沙土混合物中沙与土的比例为 1:1；蛭石的粒径为 0.3～0.6 毫米。孵化介质应新鲜，并经消毒后使用。

3. 苗种培育

刚孵出的稚龟腹甲较软，有些在其腹部尚留有卵黄囊，此时宜放在塑料盆或木盘中用清水暂养（水深约 2 厘米）。稚龟孵出后第 3 天开始喂食，可投喂熟蛋黄、红虫和肉泥等，日投喂量占稚龟体重的 8%～10%，每天投喂 2 次，早、晚各 1 次，喂食后 0.5～1 小时换水。

稚龟暂养 1 周后可移入幼龟池饲养，入池前 5% 的盐水浸泡消毒 15 分钟左右。水泥池单养放养密度为 5～10 只/平方米。池塘混养可采用龟鱼混养，放养密度为3~5只/平方米。水泥池单养管理时，每天喂食1次，喂食时间为17:00时左右，鲜活料为龟体重的4%~5%，配合饲料为龟体重的2%~3%。饲喂做到定时、定点、定质、定量。每天观察龟的活动、取食情况，注意天气、温度、水质的变化，要适时加注新水或换水。发现病龟应及时捡出、诊断和治疗。池塘龟鱼混养管理时，龟、鱼饲料分开投喂。勤巡塘，多查看，掌握龟、鱼的生长情况。防范蛇、鼠等敌害。

第八节 黑斑池龟

黑斑池龟（*Geoclemys hamiltonii*）属于爬行纲（Reptilia）、龟鳖目（Testudoformes）、地龟科（Geoemydidae）、池龟属（*Geoclemys*），该龟别名哈米顿氏龟、斑点池龟，主要分布在巴基斯

坦、印度、孟加拉国、尼泊尔等地。我国引进的诸多外来龟类品种中，斑点池龟是一个较为成功的品种。因收藏保值及休闲观赏价值功能突出，得到养龟爱好者追捧，目前已成为广东名龟族中一个主要成员。

一、形态特征

黑斑池龟外形独特，体色鲜艳。背甲黑色，布满白色斑点，背甲长圆形，中央3条脊棱明显，中央一条最明显。腹甲黑色，布满白色或黄色斑点，前缘平切，后缘缺刻。头部较大，黑色，布满无规则斑点。四肢灰褐色，布满细小白色或黄色斑点，指、趾间具蹼。尾黑色，较短，有细小斑点。幼龟时期雌雄不容易辨别，但可由头形差异来区别，雄龟龟甲狭长，两端瘦削，雌龟在后半段比较宽圆；雄龟腹甲末端的V形缺口角度较小，雌龟较大；雄龟背甲边缘的锯齿状较明显凸出，雌龟则比较圆缓。成龟辨别，雄龟腹甲稍凹，后部凹叉深而窄，尾长而粗，自然伸直时，泄殖孔超出背壳外缘一段距离,距腹甲很远(图4-11)。

图4-11 黑斑池龟(徐昊旸 摄)

二、生活习性

黑池龟属水栖龟类,栖息于小溪、河流、沼泽等地,适应性强,性情活泼,不怕人,但对环境温度要求较高。一般温度在18℃以上能正常进食,15℃以下则出现停食、少动,随温度的降低进入冬眠。生长适温22~30℃。杂食性偏动物性,摄食缓慢，人工养殖可投喂鱼、虾、螺肉、蚬肉、蝌蚪、蚯蚓、畜禽内脏、米饭、面条、水果、蔬菜，也可食人工配合饲料。在自然界食贝类、植物碎叶、昆虫和鱼类。

三、繁殖习性

每年5～6月产卵，7～8龄稳产黑池龟每年可产卵两次，总产卵量10～50枚。卵为白色，长椭圆形，卵长径55.4～61毫米，短径26～32.8毫米。孵化温度30℃时，孵化期为65天。

四、人工繁殖技术

饲养场地的地板或者容器不要用太硬的材质，饲养池砌成"水陆两便"式最为适宜。水位以流没龟身为好。斑点池龟不能长时间泡在水里，白天放在水里，夜间最好干养。活动空间要大一些为好，个体之间太拥挤可能会导致相互撕咬的情况发生。该龟不宜与其他品种混养。

斑点池龟喜欢在干净的水体中生活。饲养用水最好能够用流水，如果条件不具备也要经常换水。水环境要求处理得当，避免其皮肤溃烂的问题发生。如不能经常换水，则需要进行水体的消毒，如可以放一点食盐或者低毒广谱的消毒剂（如聚维酮碘），以保证水质洁净、优良。

当气温降到15℃左右时，移入室内越冬，室温保持在10～14℃。斑点池龟不耐寒，不能长期处于9℃以下，9℃以下体力消耗过大，便会浮水。在国外原产地斑点池龟野外生活是有冬眠习性的，但在国内养殖的时候，最好不要让其自然冬眠，因为多次试验表明，在国内冬眠之后的斑点池龟，大多数体重下降得很厉害，抵抗力也下降。冬天，也不要经常把龟拿出来，谨防感冒。能够让斑点池龟晒晒太阳的环境设置是很好的，但如果受条件所限没有自然阳光，也要购买UVB灯补充光照。但值得注意的是，斑点池龟不宜直接搬到太阳下暴晒，要让它能够自己选择感觉舒服的位置。

第九节

欧洲泽龟

欧洲泽龟（*Emys orbicularis*）隶属于龟科（Emydidae）、泽龟属（*Emys*），俗称欧泽池龟，是典型的中小型水栖龟类。幼年时腹甲黑色，有黄色外边。成年后腹甲黄色有暗色斑，头颈及四肢黑色有黄色斑点。但不同产地的欧洲泽龟，体型和体色花纹相差较大。通常生活在北方的个体明显要比南方的更大、更黑。主要分布于欧洲和北非等地中海周边区域，在欧洲的大部分池塘中都可以看到其身影。

一、形态特征

体长 15~20 厘米，体表被坚固的铠甲覆盖。

背甲的形状和颜色会随着年龄而变化,幼年时背甲是圆形、粗糙的,略有龙骨,上层均匀地呈深棕色,下层则呈黑色,甲壳边缘及背甲表面覆盖有一个黄色斑点。随着年龄的增长,背甲变得光滑,通常呈棕褐色,密布黄色斑点及暗纹。头、四肢和尾巴是深色的,带有黄色或浅棕色斑点和小点。背甲有12对边缘护罩。头部被光滑的皮肤覆盖,四肢被广泛地蹼化。有一个柔性的铰链腹甲,通过韧带松散地结合在甲壳上。腹甲有活动枢纽。幼年时腹甲黑色,有黄色外边。成年后腹甲黄色,有暗色斑;头颈及四肢黑色,有黄色斑点。但不同产地的欧洲泽龟,体型和体色花纹相差较大。雌、雄辨别也比较容易。雄性体形较小,尾巴粗大,眼睛多半呈红棕色;雌龟体形大,尾巴较短,眼睛多为黄色。

二、生活习性

欧洲泽龟为水、陆两栖,偏水栖习性,生活在浅水湖泊和沼泽湿地里。它们在陆地上行动显

图4-12 欧洲泽龟（Mihai 摄）

得很笨拙，一旦入水，则是优秀的"游泳健将"。其耐寒力很强，基本属于杂食性龟类，主要以水生无脊椎动物为食，也摄食水生植物，可以用小鱼、小虾、生肉、黄粉虫等动物性饵料，配以各种蔬菜、水果等植物性饵料。成年后会转变为偏素食性。由于食量大，欧洲泽龟生长很快，3～4年就可以长成大龟。活动时间集中在3～10月。在温暖的年份，尤其是在欧洲南部地区，欧洲泽龟几乎全年都保持活跃；但一般来说，当温度低于10℃时，会进入一个嗜睡阶段，将自己埋在靠近河岸的泥中。在活动期间，大部分时间都在岸边、小岛上、漂浮物上或原木上晒太阳。冬眠时温度5℃左右。

三、繁殖习性

欧洲泽龟的繁殖主要发生在 3～4 月；雌龟在同一繁殖季节可能与多个雄龟交配。产卵期在每年 5 月下旬～7 月上旬。在较温暖的地区，雌龟每年可产卵 3 次；但在比较寒冷的地区，通常 2～3 年才繁殖 1 次。产卵地点通常由雌龟在产卵前几天搜寻并选择的，雌龟用后肢挖一个 8～10 厘米的洞，产卵量根据雌龟的体重和大小而不同，一般在 3～16 枚之间，大多数情况下一年产 1～3 窝。孵化温度为 25～30℃，一般孵化需要持续 90～100 天。胚胎的性别与孵化温度有关：在 30℃左右通常会产生雌龟，低于 25℃将主要产生雄龟。

四、人工繁殖技术

1. 龟池的建设

龟池尽量选择向阳的地方。建设龟池时最大

水深至少为1米，且需设置不同的深度。水中栽种不同的植物和设置各种躲藏结构，以维持欧洲泽龟的健康。欧洲泽龟是逃逸的高手，为防止其逃逸，要在龟池四周设置围栏，且围栏的高度不低于40厘米，但注意不能使用铁丝网作为围栏的材料，避免损伤欧洲泽龟。欧洲泽龟对水的要求是水质稳定的老水，不喜欢新水的刺激。尤其是新引进的野生龟，腐皮烂甲情况尤为突出，原因除了运输过程中的挤压伤外，就是对本地环境的不适应。建议多提供晒背区以帮助欧洲泽龟自我调整恢复。

2. 日常管理

欧洲泽龟是一种典型的杂食性水龟，食物主要包括鱼类、水生植物、小型两栖类以及小型无脊椎动物。人工饲养建议使用专业水龟粮作为主食，也可在水中种植浮萍，在还原欧洲泽龟野外摄食结构的同时，避免因地域菌种差异造成肠胃的不适。龟粮投喂基本上要以"八分饱"为原则进行。投喂时直接将水龟粮投入水中即可，参考投喂量为体重的 1%～2%，投喂时可以先进行一次最大量的投喂，记住这次投喂饲料的量，下次在这次基础上略少一些。对于亚成体或者种龟，每 2 天投喂一次即可，幼龟、稚龟每天 1 喂。

欧洲泽龟是日行性龟类，因此紫外线和照明一个都不能缺。如果在室外饲养，需要专门设置晒背区以供它们上岸晒背；如果在室内饲养，就需要提供人工照明和人工热点，热点温度要达到 35℃。人工照明需要保持每天 10～14 小时，而热点灯具也需要至少保证 6 个小时的开启。

第五章
淡水龟疾病防治

第一节
龟类病害发生的原因

龟类致病因素可分为非生物性和生物性致病因素。非生物性致病因素主要是环境和管理因素，生物性致病因素主要是病毒、细菌、真菌、寄生虫等微生物。

一、环境因素

水体理化因子主要为水体温度、水质。龟是变温动物,当水体温度变化急剧时,造成龟类应激,短时间内难以适应,体内酶活动减弱,免疫力下降,从而引起一些疾病。

1. pH

龟类对水体的 pH 要求范围在 6.0~9.0,最适 pH 在 7.0~8.0 之间。若 pH 过高,会增加水体中有毒的分子氨浓度。

2. 氨氮

水体一般要求氨氮小于 1.0 毫克/升。高浓度氨氮会使龟类中毒,影响多种生理功能。

3. 亚硝酸盐

亚硝酸盐含量应控制在 0.2 毫克/升,当亚硝酸盐含量变高时会影响水质,导致龟类食欲减退、生长迟缓、体质下降。

二、管理因素

管理因素通常是指与人有关的任何因素，在龟类养殖中主要包括放养密度、饲养管理、运输操作等因素。放养密度过大，活动空间相对较小，就会相互斗殴、残杀，引起伤病；饲养过程中如出现饲料过期变质，投喂过程不遵守定时、定点、定量和定质的原则等管理不当的现象，往往会导致龟类营养和代谢不良、抵抗力下降等症状；在抓捕、运输、过池时操作不当，容易擦伤、压伤龟类，或者温度变化太大等原因造成龟类的应激反应而引起一些疾病。

三、生物因素

生物性致病因素主要的病原体有病毒、细菌、立克次体、衣原体、支原体、真菌和寄生虫。

病原体进入龟类体内后，会影响其正常生理

功能，从而引起病变。龟自身有抗病力，如果龟类对侵入的病原体具有免疫力，机体的免疫系统就能有效杀死入侵的病原体。如果龟类的免疫力下降，不能有效阻止病原体的入侵，往往会发病。寄生虫主要是入侵龟类体内后，通过摄取宿主的营养和吸取血液、引入其他病原体等损害龟类健康。

第二节 常见龟疾病的防治

一、水霉病

病因：真菌感染。由水霉菌、丝霉菌等真菌感染龟体引起。多由于排泄废物和残留饲料不及时清理、水质变坏引起。

症状：水霉病多发于病龟头部、四肢、尾部。病灶部位有大量白色絮状菌丝，严重时龟食欲减退、游动迟缓、最终死亡。四季均可发生，春季多发，主要在水温较低的时候出现（10～20℃）。对龟苗危害较大，并且会传染。

治疗：已发病的龟用5%的食盐水浸泡10分钟，每天一次，连浸3天。

预防：①饲养环境经常清洗消毒（可用0.5%高锰酸钾溶液），定期换水，使用过滤设备净化水质，减少饲养密度；②10～20℃水霉菌容易生长，可升温到28℃抑制其生长；③适当地日光浴，阳光中的紫外线可以抑制水霉菌的滋生；④加强饲养管理，提高龟体抗病力。饲料中混合维生素E可以达到预防效果。

二、腐皮病

病因：细菌感染。由气单胞菌、假单胞菌等革兰氏阴性菌感染引起。主要由于龟互相撕咬或者碰撞擦伤，导致受伤部位感染病菌引起皮肤组织的坏死。

症状：肉眼可见，颈部、四肢、尾部处皮肤溃烂，表皮发白。四肢发病时病龟的指甲容易脱落。腐皮严重区域组织坏死，形成溃疡。

治疗：①症状轻的可用链霉素浸泡，浓度为10毫克/千克，每次浸泡48小时，隔天1次。浸泡3～5次。②症状严重的，先将病灶消除，用金霉素眼膏涂抹，每日2次，连用5天；③定期换水。

预防：①中草药药浴，龟池内放置一些中草药（如金银花、苦菊花、苦参、鬼针草等）；②水体消毒，用0.5～0.6毫克/升的二氧化氯溶液全池遍洒，连用2～3天，及时捞出食物残渣及粪便。

三、白眼病

病因：细菌感染。由于长时间没有换水，水质变坏，加上龟混养擦伤，导致感染。

症状：眼睛肿大发炎充血，眼球外面有灰白

色分泌物，不能睁开。病龟食欲减退或停食，最后死亡。春秋是发病季。

治疗：①清理病龟眼处病灶，涂抹金霉素眼膏杀菌消炎；②用5%食盐水浸泡20分钟，每天1次，连浸3天。

预防：勤换水，器具经常消毒，改良水质，方法与治疗腐皮病相同。

四、疥疮病

病因：细菌感染。由嗜水气单胞菌感染引起的皮肤感染。龟在健康状态也可能携带，一旦水质恶化或者龟体受伤，病菌会大量繁殖，引起发病。

症状：病龟颈部或四肢会长出白色芝麻或黄豆大小的疥疮。容易溃烂，症状与腐皮病类似。

治疗：用镊子清除疥疮，聚维酮碘消毒，涂抹红霉素软膏干养，保持3～5天。

预防：保持水质清洁，水体消毒，改良水质，方法与治疗腐皮病相同。

五、穿孔病

病因：细菌感染，由水气单胞菌感染引起。多在疥疮病的基础上进一步发展而来。龟甲擦伤后容易感染。

症状：甲壳上面出现黄色斑点，黄色部分变软，挖开后可以看到严重的腐烂。

治疗：清除所有黄色腐烂部位，清水冲洗干净，随后用双氧水或者聚维酮碘消毒，最后涂抹红霉素软膏干养。

预防：①水体消毒，改良水质，方法与治疗腐皮病相同。②用10～15毫克/升的高锰酸钾溶液浸洗20～30分钟。

六、肠胃炎

病因：由气单胞菌、假单胞菌等革兰氏阴性菌感染引起。当龟摄食了不新鲜或者已变质的饵料时，病原菌随饵料进入龟的肠胃并且繁殖和产生毒素使龟患病。突然变温导致龟消化不良也容易发病。

症状：病龟食欲减退，或者毫无食欲，行动减缓，粪便稀软不成形，呈黄绿色。腹部和肠内发炎充血，肛门红肿外翻。

治疗：病龟注射庆大霉素，每千克体重用10万国际单位。

预防：加强饲养管理，尽量投喂新鲜饲料，保持水质干净。

七、肺炎

病因：细菌性感染，由感冒发展而来。

症状：病龟食欲减退，常停留在岸上，拒水。病龟流鼻涕，呼吸困难，经常张口呼吸。日渐消瘦，最后死亡。

治疗：注射氟苯尼考，每千克体重用量0.5～1毫克，连用3～5天。

预防：①注意饲养环境的温差；②警惕感冒导致的肺炎。

八、红脖子病

病因：由嗜水气单胞菌感染引起。混养密度大，打架咬伤，水质变坏及龟抵抗力下降。

症状：病龟颈部肿胀、充血，不能收缩，反应迟钝，行动迟缓，食欲下降。

治疗：与腐皮病基本相同，严重时可用抗生素治疗。

预防：①减少混养密度；②改良水质，保持弱碱性，如果 pH 小于 7.0 时，全池遍洒 10～20 毫克/升的生石灰水。

九、脂肪代谢不良病

病因：投喂过量的臭鱼、臭虾等腐败变质饵料，变质脂肪酸在龟体内大量积累，造成肝、肾机能障碍，诱发脂肪代谢不良，导致肝脏出现病变。

症状：龟食欲消失或者下降，行动迟缓，最后死亡，解剖后肝脏发黄发黑。

治疗：患该病基本不可逆，防范大于治疗。

预防：①投喂优质人工配合饲料，遵守定时、定点、定量和定质"四定"原则，及时清除残饵，保持水质良好；②饲料中混合维生素E可以达到预防效果，每千克体重用维生素E 60～120毫克。

第三节　安全用药

根据国家标准《无公害食品渔用药物使用准则》（NY 5071—2002）的规定，渔药使用基本准则为：

① 水生动物增养殖过程中对病害的防治，坚持"全面预防，积极治疗"的方针，强调"以防为主、防重于治，防、治结合"。

② 渔药的使用应严格遵循国务院、农业农村部有关规定，严禁使用未经取得生产许可证、批

准文号、生产执行标准的渔药。

③ 在水产动物病害防治中，推广使用高效、低毒、低残留渔药，建议使用生物渔药、生物制品。

④ 病害发生时应对症用药，防止滥用渔药和盲目增大用药量或增加用药次数、延长用药时间。

⑤ 食用鱼上市前，应有休药期。休药期的长短应确保上市水产品的药物残留量符合《无公害食品水产品中渔药残留限量》（NY 5070—2002）的要求。

⑥ 水产饲料中药物的添加应符合《无公害食品 渔用配合饲料安全限量》（NY 5072—2002）的要求，不得选用国家规定禁止使用的药物或添加剂，也不得在饲料中长期添加抗菌类药物。

由于龟是一种高档的药用和美食补品，所以在养殖过程中除了要有良好的养殖环境和合理的营养结构，在病害防治中也应本着勤俭节约、安全有效的原则合理用药。安全用药是龟养殖生产中合理用药的首要原则，但要达到安全的目的，必须做到决不使用危害人体健康的易残留药物，及国家规定的禁用药物和不利于龟健康的药物。一些药物虽然对养殖对象的疗效较好，但它能在动物体内残留或富积，特别是对人体的健康有害。如一些染料类药物，它们在动物体内有明显的残留现象，其中孔雀石绿在龟体内的残留可长达300天，而孔雀石绿的化学成分三苯甲烷是致癌物质。此外，对环境污染较严重的药物和一些无主要成分说明的药物都应慎用。而在应用抗生素内服时，也应注意其对机体损害的副作用，如庆大霉素对肝脏有损害，故在采用内服治病时应尽量不用或少用庆大霉素。

参考文献

[1] 杨文鸽,徐大伦,李花霞,等.乌龟肌肉营养价值的评定.水产科学,2004,23(3):3.

[2] 彭密军.山乌龟中九种微量元素的分析测定.现代仪器,2000(5):2.

[3] 朱新平,陈永乐,刘毅辉,等.黄喉拟水龟含肉率及肌肉营养成分分析.广东海洋大学学报,2005,25(3):4-7.

[4] 周婷,李丕鹏.中国龟鳖分类原色图鉴.北京:中国农业出版社,2013.

[5] 周婷,董超,李仕宁,等.我国观赏龟的养殖与贸易现状及展望.经济动物学报,2016,20(4):5.

[6] 程娟,黄勇.我国龟类产业的发展现状分析.渔业致富指南,2019(12):4.

[7] 章芸,俞丹娜,杜卫国,等.微卫星标记分析乌龟养殖群体的遗传多样性.水产学报,2010,34(11):1636-1644.

[8] 杜金娥,董志岷,王贵,等.鸡胚无壳孵化研究初报.四川畜牧兽医,2021(012):048.

[9] 赵伟华,朱新平,魏成清,等.黄喉拟水龟胚胎发育的观察.水生生物学报,2008,32(5):8.

[10] 黄启成.中华花龟的生物学特性及养殖技术.海洋与渔业,2012(1):2.

[11] 邬文华.大鳄龟人工养殖技术.中国渔业经济,2000(03):40.

[12] 林胜芳.世界最大的淡水龟大鳄龟及其人工养殖技术.农村发展论丛,(03):33-34.

[13] 邬文华.珍稀爬行动物——大鳄龟.野生动物,2000,21(4):1.

[14] 苏永涛.鳄龟的人工养殖技术.山东畜牧兽医,2004(2):32-33.

[15] 邬国民,何桂福.龟类养殖的新热点——小鳄龟.中国农村科技,2001(9):27.

[16] 陈述江,张延华,董文,等.小鳄龟稚幼龟温室精养及其病害防治技术研究.当代水产,2003,028(011):19-20.

[17] 黄斌,陈世锋,罗传新,等.黄缘闭壳龟的生活习性与驯养.信阳师范学院学报:自然科学版,2002,15(3):3.

[18] 魏成清.如何饲养四眼斑龟.海洋与渔业,2009(12):2.

[19] 邓厚群.四眼斑水龟的生态养殖.科学养鱼,2007.

[20] Bonin F,Devaux B,Dupré A. Pritchard PCH:Turtles of the World. Johns Hopkins Univer,2006.

[21] 徐莹莹,赖年悦,石扬,等.中华草龟龟肉的营养成分分析及品质评价.肉类工业,2017(5):9.

[22] 国家药典委员会.中华人民共和国药典(3部).北京:中国医药科技出版社,2010.